扬子克拉通黄陵穹隆基底地质实习指南

Geological Practice Guide of the Huangling Dome Basement in the Yangtze Craton

彭松柏　邓　浩　韩庆森　编著
续海金　徐海军　滕笑丽

图书在版编目(CIP)数据

扬子克拉通黄陵穹隆基底地质实习指南/彭松柏等编著.—武汉:中国地质大学出版社,
2023.6
ISBN 978-7-5625-5631-2

Ⅰ.①扬… Ⅱ.①彭… Ⅲ.①克拉通-基底-地质演化-实习-指南 Ⅳ.①P544-62

中国国家版本馆 CIP 数据核字(2023)第 119591 号

扬子克拉通黄陵穹隆基底地质实习指南   彭松柏 等编著

责任编辑:彭 琳	责任校对:徐蕾蕾
出版发行:中国地质大学出版社(武汉市洪山区鲁磨路388号)	邮政编码:430074
电 话:(027)67883511 传 真:(027)67883580	E-mail:cbb@cug.edu.cn
经 销:全国新华书店	http://cugp.cug.edu.cn
开本:787毫米×1092毫米 1/16	字数:256千字 印张:10
版次:2023年6月第1版	印次:2023年6月第1次印刷
印刷:武汉中远印务有限公司	
ISBN 978-7-5625-5631-2	定价:45.00元

如有印装质量问题请与印刷厂联系调换

前 言

扬子克拉通是我国最重要的3个克拉通(地块)之一,前寒武纪经历了多期板块俯冲-碰撞拼贴最终于新元古代形成现今扬子克拉通的基底(克拉通化),新元古代南华系之后长期保持相对稳定,形成稳定沉积盖层。中生代晚期以来扬子克拉通及其周缘发生了强烈构造变形、岩浆活动,并伴生有大量金属和能源矿产,原有巨厚岩石圈遭受不同程度破坏减薄(克拉通破坏),但总体具有稳定克拉通的基本特征。

扬子克拉通黄陵穹隆地区不仅以举世闻名的长江三峡大坝水利枢纽工程而广为人知,而且沉积岩、岩浆岩、变质岩三大岩类出露齐全,南华纪以来地层发育连续完整,各类地质构造现象丰富。特别是,黄陵穹隆地区是华南前寒武纪全球性重要地质构造演化事件记录最全的地区,出露了华南最古老的TTG岩石(约3.45Ga),也是华南古元古代哥伦比亚超大陆、新元古代罗迪尼亚超大陆聚合与裂解事件,早前寒武纪板块构造体制启动研究的重要窗口,一直受到国内外地学界的高度关注。为认识和了解扬子克拉通前寒武纪基底形成演化过程的重要岩石构造记录,中国地质大学(武汉)以秭归产学研实习基地为依托,以黄陵穹隆基底出露地区为实习区,以扬子克拉通前南华纪基底形成演化标志性重大地质构造事件的岩石构造记录为主线开展本科生、研究生的野外地质实习。《扬子克拉通黄陵穹隆基底地质实习指南》将为参加野外地质实习的本科生、研究生以及相关领域研究人员了解扬子克拉通黄陵穹隆基底地质演化基本过程提供重要的地质参考。

本书的特色主要体现在以下3个方面:其一,以扬子克拉通黄陵穹隆基底实习区主要地质事件的标志性岩石构造现象为主线,为地质学专业本科生及研究生实践教学和研究提供野外地质教学实习的基本路线框架,让学生在岩石、地层、构造等专业基础理论学习的基础上,运用基本理论知识和技能进行综合地质思维分析,提高分析和解决问题的能力,了解当代地球科学发展的一些新理论、新概念和新进展;其二,以黄陵穹隆基底实习区主要地质事件的标志性岩石构造记录的最新研究成果为基础,通过对野外地质路线中典型地质现象的观察描述和分析,将最新地球科学研究进展和成果引入实践教学,让学生了解当代地球科学发展的趋势,开阔学生的地质视野,培养学生的创新意识和创新能力;其三,通过开展黄陵穹隆基底野外地质路线的教学实习,让学生了解、掌握野外地质调查和研究的基本方法,培养并训练学生观察描述和分析野外地质现象的能力,为培养新型现代地学人才和卓越工程师奠定基础。

笔者受中国地质大学(武汉)本科生院委托,通过教学科研立项的形式获得教材出版资助。在本书的撰写过程中,笔者参考了大量前人已取得的区域地质调查成果,同时结合目前新的研究成果,如国家自然科学基金项目"扬子克拉通黄陵背斜元古宙变质镁铁-超镁铁岩成因及大地构造意义"(41272242)、"扬子克拉通黄陵穹隆古元古代混杂岩成因及深俯冲动力学意义"(41772229)、"扬子克拉通古元古代低温-高压变质作用及现代板块构造启动"(42002213)、"黄陵穹隆南部新元古代俯冲起始-碰撞造山岩浆-构造变质作用及其动力学意义"(42372268),以及中央高校基金"地学长江计划"核心项目"长江中下游地区重大地质过程及资源效应"(CUGCJ1708)等的研究成果,丰富教材内容,以进一步突出教材的前瞻性、实用性。本书由彭松柏担任主编,编写分工如下:前言由彭松柏编写,第一章由彭松柏、邓浩、韩庆森、续海金编写,第二章由韩庆森、彭松柏、续海金编写,第三章由邓浩、彭松柏、徐海军编写,第四章由彭松柏、韩庆森、滕笑丽编写。此外,参加本书编写、绘图等工作的还有研究生唐开宇、彭弘韬等。全书最后由彭松柏统稿。

在本书编写过程中,学院及领导章军锋教授、徐亚军教授,秭归实习队的冯庆来教授、喻建新教授、江海水教授、李益龙教授给予了大力支持。马昌前教授、陈能松教授、廖群安教授、王国灿教授、凌文黎教授、吴元保教授、边秋娟副教授、王国庆副教授、王连训副教授等审阅了初稿,并提出了许多宝贵的建设性意见。湖北省地质调查院胡正祥高级工程师、陈超高级工程师,中国地质调查局武汉地质调查中心魏运许研究员为本书撰写提供了许多区域地质调查研究新成果。在此,对以上学者表示衷心的感谢。

尽管我们在秭归黄陵地区开展了多年研究和野外地质实践教学工作,但面对扬子克拉通黄陵穹隆基底各类复杂地质现象和地球科学日新月异的发展,深感能力和专业知识水平有限,特别是对一些重要地质事实和科学问题的认识仍需进一步深入研究。由于水平有限,错漏之处在所难免,恳请各位同仁批评指正。

彭松柏
2023 年 5 月

目 录

第一章　扬子克拉通黄陵穹隆基底形成演化及其岩石与构造 ……………………（1）
　第一节　黄陵穹隆地区自然地理与地质概况 ………………………………………（1）
　第二节　黄陵穹隆地区地质构造演化 ………………………………………………（7）
　第三节　前寒武纪地质研究概述 ……………………………………………………（10）
　第四节　岩浆岩、变质岩分类及命名 ………………………………………………（15）

第二章　扬子克拉通黄陵穹隆基底古元古代聚合-伸展岩石构造 ………………（30）
　第一节　黄陵穹隆北部区域地质研究背景 …………………………………………（30）
　第二节　黄陵穹隆北部古元古代水月寺蛇绿混杂岩 ………………………………（34）
　第三节　黄陵穹隆基底北部古元古代水月寺蛇绿混杂岩地质观察路线 …………（48）

第三章　黄陵穹隆基底中～新元古代聚合岩石与构造——庙湾蛇绿混杂岩
　………………………………………………………………………………………（59）
　第一节　黄陵穹隆南部区域地质研究背景 …………………………………………（59）
　第二节　黄陵穹隆南部中～新元古代庙湾蛇绿混杂岩 ……………………………（62）
　第三节　黄陵穹隆基底南部中～新元古代庙湾蛇绿混杂岩地质观察路线 ………（72）

第四章　黄陵穹隆基底新元古代伸展岩石与构造——黄陵花岗侵入杂岩体
　………………………………………………………………………………………（95）
　第一节　黄陵穹隆新元古代侵入杂岩体地质研究背景 ……………………………（95）
　第二节　黄陵穹隆基底新元古代侵入杂岩体地质观察路线 ………………………（104）

参考文献 ………………………………………………………………………………（118）

附　录 …………………………………………………………………………………（135）
　附录1　图例 …………………………………………………………………………（135）
　附录2　国际年代地层表（中文版） …………………………………………………（153）
　附录3　国际年代地层表（英文版） …………………………………………………（154）

第一章 扬子克拉通黄陵穹隆基底形成演化及其岩石与构造

第一节 黄陵穹隆地区自然地理与地质概况

一、自然地理

中国地质大学秭归实习基地位于湖北省宜昌市秭归县茅坪镇西部边缘,距武汉市约380km。秭归位于长江三峡大坝库首,是伟大爱国诗人屈原的故乡,被誉为"中国脐橙之乡"。全县交通便利,拥有64km的长江水道,上通巴蜀,下达荆襄。长江三峡大坝水利枢纽工程建成后,秭归成为三峡航线的中转点,在秭归县茅坪镇弃船转车至宜昌(尤其是长江汛期)比乘船过三峡工程船闸所用时间缩短了2h。秭归全县沿江港口众多,陆路交通也很发达,高速公路直达省城武汉。秭归县内各乡镇随时都有客运班车开行,各村也有纵横交错的公路(图1-1)。

秭归实习基地,地理上主要位于湖北省西部长江西陵峡两岸及其邻区,属长江上游下段的三峡河谷地带鄂西南山区,地质上主要位于扬子克拉通黄陵穹隆南部地区。山脉走向为北东-南西向或北西-南东向,系我国地势二级阶梯近东西—北西西向大巴山系东端与北东—北东东向齐岳山-八面山系北东端交会部位,为印支—燕山期构造运动奠定基础。该区新生代以来受喜马拉雅构造运动青藏高原隆升的影响,仍处于缓慢抬升之中。秭归属中亚热带季风性湿润气候,但由于高山夹峙,下有水垫,故600m以下为逆温层,形成了湖北省的"冬暖中心"——年平均气温18℃,极端最低气温−3℃,年无霜期为306d,空气相对湿度72%,年降雨量1016mm,夏季常有大到暴雨,易造成洪涝灾害和水土流失。秭归的气候条件非常适宜脐橙、柑橘、茶叶等农作物种植。三峡大坝蓄水后库区冬季平均增温0.3~1.3℃,夏季平均降温0.9~1.2℃。

实习区地质路线主要位于秭归县、宜昌市夷陵区及长阳县域内。区内旅游资源十分丰富,秭归县茅坪镇与长江三峡大坝隔高峡平湖相望,登城南凤凰山可尽览三峡大坝美景。从秭归县茅坪镇出发到城西南有"天然氧吧"之称的三峡竹海生态风景区(原泗溪风景区),驱车只需20min,到号称"三峡第一漂"的九畹溪漂流风景区也只需要1.5h。陆路和水路可直达

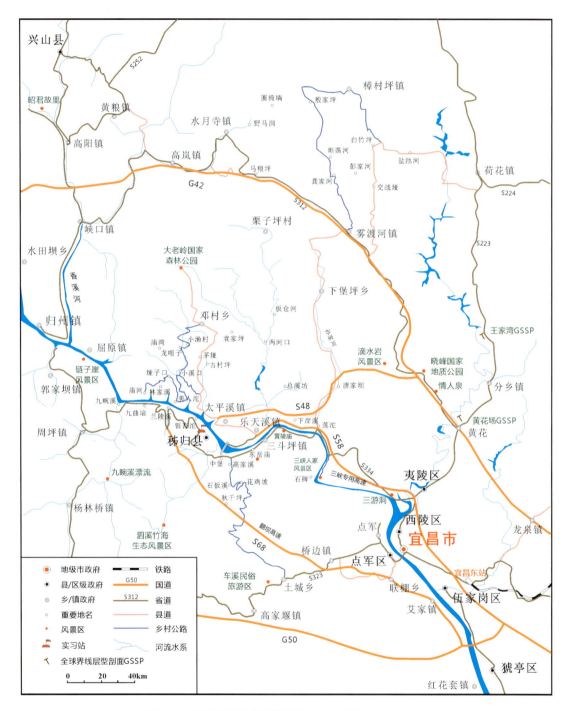

图 1-1 秭归实习区交通位置图(据彭松柏等,2014,有修改)

屈原故里屈原祠和归州古镇等名胜古迹。长江三峡西陵峡段牛肝马肺峡、兵书宝剑峡、流来观等著名景点均在秭归县域内。2001年以来,旅游业已成为秭归的支柱产业。长江三峡大坝的兴建使秭归成为坝上第一县和三峡库区移民重点县,秭归也因此发生了脱胎换骨的变化。近年来,随着地质研究程度不断深入,在本区又发现了很多典型且有重要研究价值的地质遗迹,因此秭归也已逐步开发出多条集研究、教育、科普、旅游等于一体的多功能地学路线。

二、地质矿产

秭归实习基地涵盖了黄陵穹隆核部前南华纪变质结晶基底区及南部周缘盖层沉积地层区,大地构造上属华南扬子克拉通中北部地区,经历了多期复杂俯冲/增生碰撞造山构造演化过程,新元古代俯冲-碰撞造山运动(即晋宁运动)奠定了扬子克拉通基底基本轮廓,之后形成了一套稳定海相沉积盖层,晚中生代进入陆相沉积构造演化阶段。

中新生代黄陵穹隆地区在大地构造上位于扬子克拉通印支—燕山期北西西向大巴山弧形逆冲推覆褶断带东延与北东—北东东向齐岳山-八面山弧形褶断带东延收敛交会部位,并与我国东、西部重要北北东向地球物理梯度带西侧太行山-武陵山隆起构造带叠加(图1-2)。这一独特地质构造部位成为研究华南地区前南华纪变质结晶基底、新元古代黄陵花岗杂岩及南华纪以来沉积地层最为重要的窗口和经典地区之一。该地区出露了扬子克拉通乃至整个华南地区最古老的早前寒武纪(约3.45Ga)结晶基底岩石、距今约700Ma由"雪球地球事件"形成的古老冰川沉积,以及南华纪以来大套连续完整的沉积地层,这在国际地球科学领域罕见。

秭归及其邻区经历了漫长的地质发展历史,复杂的沉积作用、岩浆作用、构造变形与变质作用为各种矿产形成提供了有利的形成条件及沉积环境。已发现的矿产有烟煤、铁、汞、铜、钒、锰、重晶石、磷、白云岩等17种,其中磷、煤、重晶石、铁、金等为优势矿种,最具工业价值和找矿远景。

磷矿是鄂西地区最主要的优势矿种,主要产于震旦系陡山沱组、灯影组,属于沉积型磷块岩矿床,其次在寒武系水井沱组及志留系中普遍有含磷反应。区内陡山沱组中、上磷矿层不发育,下磷矿层又可分为上、中、下3个分层,其中磷矿层主要分布于上、中分层:上分层分布于全区,由含条带状磷块岩的页岩与条带状磷块岩组成,层位较稳定,厚度小;中分层在本区最发育,厚度大,品位较富,矿石以条带状磷块岩为主,其次为块状磷块岩和磷质页岩。最大厚度达101.01m,最薄处只有0.52m。矿体常呈凸镜状或似层状断续出现。

铁矿主要产于泥盆系黄家磴组,为远滨及近海陆棚沉积,厚0.2~1.5m,含铁品位为26%~32%。矿层以含鲕状赤铁矿岩石为主,其次有铁质砂岩、铁质页岩或含铁页岩、含赤铁矿的白云岩及含锰灰岩、黏土质鲕绿泥石岩等。矿石的矿物成分及化学成分在各矿层所见大同小异。铁质砂岩及铁质页岩与含铁页岩的主要矿物成分为石英,其次为水云母,可见少量方解石、赤铁矿鲕粒、褐铁矿和胶岭石。

铜、金矿床(点)主要分布于黄陵穹隆基底东南侧断裂构造内。矿床(点)出露地层主要有震旦系灯影组含燧石硅质白云岩、震旦系陡山沱组薄层灰岩夹页岩、南华系南沱组冰积段含砂泥砾岩、前南华纪富含钠质似斑状斜长花岗岩。

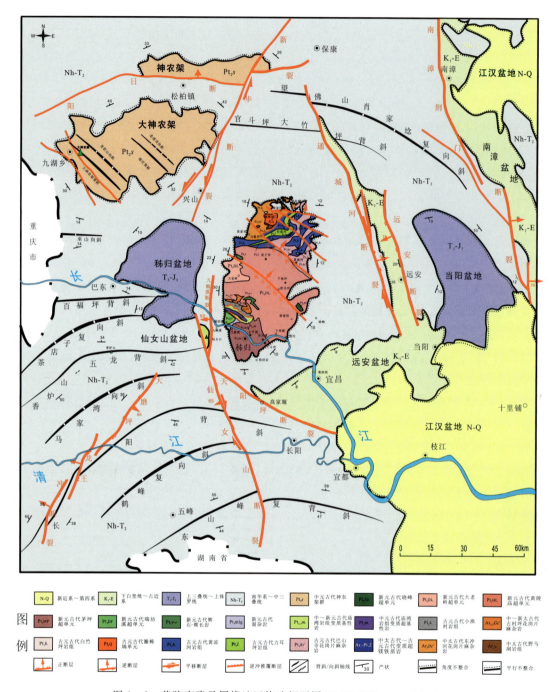

图1-2 黄陵穹隆及周缘地区构造纲要图(据彭松柏等,2014,有修改)

花岗岩石材也是本区的重要非金属矿产资源,主要赋存于黄陵深成侵入杂岩体内。该区花岗岩具高抗压、抗剪、抗拉强度,耐磨、耐酸性能,抛光后色彩纯正,光洁度好,具有良好的装饰性能及观赏价值,且具有分布面积大、块度大、开采条件好的特点。

硅石矿主要赋存于泥盆系云台观组,主要岩性为灰白色石英岩状砂岩,矿层厚度为4～10m,连续稳定分布,SiO_2含量一般为96%～98%,为中型耐火型硅石矿床。

石灰石矿在碳酸盐岩中分布广泛,特别是奥陶系南津关组、红花园组,石炭系黄龙组,二叠系茅口组产出的石灰石均是制造水泥、石灰的优质原料。

白云岩矿在本区主要赋存于震旦系灯影组顶部,平均厚度可达119.63m,形状规则,矿化连续性好,其他如寒武系覃家庙群、三游洞群也是白云岩矿的重要产出层位。

三、旅游资源

长江自秭归县茅坪镇向南东贯穿整个宜昌市,新生代喜马拉雅期孕育了长江的雏形,随着青藏高原的隆升,逐渐形成今日之长江。新生代以来三峡地区地壳不断抬升,长江河床不断下切,形成了当今世界的自然奇观——三峡大峡谷。长江沿岸旅游资源十分丰富,主要有:中国十大风景名胜之一的长江三峡,以及三游洞、龙泉洞等峡谷、溶洞地貌自然景观;长江三峡国家地质公园中罕见的地质景观;举世闻名的三峡大坝水利枢纽工程、葛洲坝水利枢纽工程等现代大型工程奇观;集探险、休闲、观光于一体的九畹溪漂流风景区、三峡竹海生态风景区,以及丰富的人文景观和民俗风情,如以诗人屈原、美人王昭君、圣人关羽为代表的古代名人文化,以黄陵庙、三游洞为代表的历史遗迹,以三峡人家、宜昌车溪为代表的民俗风情观光区。

(一)西陵峡

长江三峡西起重庆奉节白帝城,东至湖北宜昌南津关,全长192km,是长江上最为奇秀壮丽的山水画廊。西陵峡东段位于实习区内,是长江三峡最惊险的峡谷。西陵峡西起秭归县香溪口,东至宜昌市南津关,全长约76km,整个西陵峡由高山峡谷、险滩礁石组成,峡中有峡,大峡套小峡,滩中有滩,大滩含小滩。西陵峡中险峰夹江壁立,峻岭悬崖横空,银瀑飞泻,水势湍急。自西向东依次是兵书宝剑峡、牛肝马肺峡、崆岭峡、灯影峡4个峡区,以及青滩、泄滩、崆岭滩、腰叉河等险滩。沿途有黄陵庙、三游洞等古迹。2009年三峡大坝蓄水后水位抬高至175m,以往雄奇秀美的三峡景观发生了巨大的变化,唯有两坝之间的灯影峡还保持了原汁原味的三峡风光。

(二)长江三峡国家地质公园

它是中国最大的国家地质公园,涵盖了长江三峡主干流两侧,西起奉节县白帝城,东抵宜昌南津关,面积约25 000km²,秭归县茅坪镇以东部分位于实习区内。地质公园内出露有华南最古老的基底岩石,又记录了自新元古代以来地壳和古地理演化历史的完整地层剖面,有古老的南华纪冰川沉积,还发育有众多门类的化石,以及保留了重大地质构造事件和海平面升降事件所留下的记录,其中包括位于宜昌莲沱的震旦系标准剖面——国际前寒武系划分对比标准剖面、宜昌黄花场王家湾奥陶～志留系界线剖面——全球奥陶纪和奥陶/志留系界线层型剖面,以及中国众多岩石地层单位的命名剖面。还有后期由新构造运动、河流、喀斯特、地下水和风化作用塑造的峡谷、溶洞等地貌景观,以及集科研价值、艺术价值、收藏价值于一身的三峡奇石。长江三峡国家地质公园不但是中国最大的地质公园,也是世界上少有的集峡谷、溶洞、山水和人文景观于一体的天然地质博物馆。

(三)三峡大坝水利枢纽工程

三峡大坝水利枢纽工程位于宜昌市三斗坪镇,地处风景秀丽的西陵峡中段,是世界上最大的水利枢纽工程。三峡大坝水利枢纽工程由拦河大坝、电站厂房、通航建筑物三大部分组成,大坝坝顶总长度为2035m,坝高185m,正常蓄水位为175m。年均发电量847亿 kW·h,是葛洲坝水电站年发电量的6.5倍。工程总工期为17年,1993年正式开工,2009年三峡大坝水利枢纽工程全部完工。

(四)黄陵庙

黄陵庙位于三峡大坝下游的西陵峡南岸,原名黄牛祠,始建于汉,唐代进行修复扩建。现存建筑是明万历四十六年(公元1618年)仿宋式建筑而重修的。黄陵庙主体建筑群是古人为纪念夏禹而建的禹王殿,殿内有36根两人合抱的大立柱,柱上有9条蟠龙浮雕,形态各异,栩栩如生,殿前石碑上刻有诸葛亮到此因感禹王治水功绩而题写的碑记。有古歌唱道:"朝发黄牛,暮宿黄牛,三朝三暮,黄牛如故。"从歌谣中足可见这一带路途的艰难。李白、白居易、苏轼、陆游等都曾在此留下诗文。

黄陵庙还有许多记载历代三峡水文情况的碑刻,其中一块记载着清同治九年发大水,淹到了殿堂上的金匾。这是有关三峡地区水位记载中的最高一次水位。长江三峡水库水位蓄至175m后成为一座长达200km、平均宽1.1km的峡谷型水库。此处江深水阔、波平浪静。据统计,三峡库区被完全淹没的景点共25处,而新增有游览价值的景点达77处。昔日的兵书宝剑峡,"兵书"依然高高在上,而"宝剑"却永沉江中。巫山小三峡呈现出平静的湖泊景观,马渡河小小三峡上游支流当阳河中出现了一个风景绮丽的"小小小三峡"。昔日丛林掩映中的奉节白帝城,蓄水后成了独立江中的"白帝岛"。

(五)屈原祠

屈原祠位于秭归县茅坪镇凤凰山,是国内现存规模最大的纪念我国伟大爱国主义诗人屈原的祠堂。该祠最早由唐右神策军大将军、时任归州刺史的王茂元修建。他主持修建的屈原祠位于秭归屈原沱,建筑面积为350m²。宋元丰三年(公元1080年),宋神宗赵顼封屈原为清烈公,后又赐忠洁侯,屈原祠更名为"清烈公祠"。此后,在元泰定初年、明万历二十五年(公元1597年)、清康熙八年(公元1669年),屈原祠相继得到修葺和扩建。

1976年7月,因兴建葛洲坝水利工程,王茂元所修建的屈原祠被迁建于归州东三里的向家坪,建筑面积为1500m²,于1982年正式建成。2006年,因兴建三峡大坝水利枢纽工程,屈原祠被再次迁至秭归县茅坪镇凤凰山。搬迁后的屈原祠由七大部分、11个建筑体组成,自下而上依次是:山门、南北配房、南北碑廊、前殿、南北展厅、钟鼓楼、大殿。秭归凤凰山屈原祠占地面积19 402m²,建筑面积达5800多平方米。

第二节　黄陵穹隆地区地质构造演化

黄陵穹隆基底出露区位于扬子克拉通的中北部地区,发育有华南最古老的太古宙TTG(tonalite,英云闪长岩;trondhjemite,奥长花岗岩;granodiorite,花岗闪长岩)岩石、古元古代高压麻粒岩-榴辉岩相变质岩系,是研究扬子克拉通及华南前寒武纪早期地球演化、前寒武纪哥伦比亚超大陆(Columbia)、罗迪尼亚超大陆(Rodinia)聚合与裂解的重要窗口(图1-3),记录了多期重要俯冲/增生碰撞造山拼贴事件。特别是,扬子克拉通黄陵穹隆核部前南华纪变质结晶基底,比较完整地记录了太古宙古陆核(微陆块)的形成、古元古代俯冲/增生碰撞造山拼合与伸展、中～新元古代俯冲/增生碰撞造山拼合与伸展,以及中～新生代黄陵穹隆隆升伸展减薄等重大地质事件的标志性岩石与构造证据。扬子克拉通黄陵穹隆地区地质构造演化可划分为基底和盖层两大构造演化阶段,现简述如下。

一、基底构造演化阶段

（一）太古宙古陆核(微陆块)的形成

扬子克拉通黄陵穹隆前南华基底太古宙～古元古代杂岩主要分布于北部,少量分布在南部地区,传统上称为崆岭杂岩、崆岭群或崆岭地体,并大致以北西向雾渡河断裂带为界分为南崆岭与北崆岭(图1-3)。黄陵穹隆基底崆岭群是太古宙早期古陆核(微陆块)形成演化的重要产物,并可划分为西部微陆块、东部微陆块,以及中部呈北东向带状展布由变质沉积岩系夹变质镁铁-超镁铁质岩块组成的古元古代构造蛇绿混杂岩带(彭松柏等,2016;韩庆森,2017;Han et al.,2017)。西部微陆块主要由中太古代东冲河TTG片麻岩(3.0～2.85Ga)、少量中太古代野马洞岩组斜长角闪岩(约3.0Ga)组成(高山和张本仁,1990;张少兵,2008;Qiu et al.,2000;Zhang et al.,2006a;Gao et al.,2011;魏君奇和景明明,2013)。东部微陆块主要由新太古代巴山寺TTG片麻岩(2.7～2.65Ga)、少量古～中太古代TTG片麻岩(3.45～3.2Ga)组成(Chen et al.,2013;Guo et al.,2014)。

（二）古元古代俯冲/增生碰撞造山拼合与伸展

黄陵穹隆基底北部及南部古元古代早期主要为一套形成于大陆边缘的沉积岩系,由富

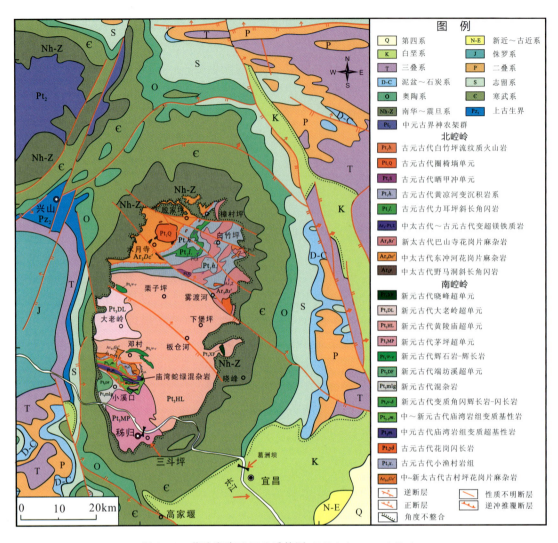

图 1-3 黄陵穹隆地区地质简图(据韩庆森,2017,有修改)

铝长英质片麻岩、云母石英片岩、磁铁石英岩、变质粒岩、石英岩和大理岩组成(原水月寺变质表壳岩主体),夹有一系列变质镁铁-超镁铁质岩片(岩块)。变质沉积岩原岩以古元古代成熟度较高的陆源泥质岩、含碳质泥岩、泥质粉砂岩、硅质岩、碳酸盐岩、钙硅酸岩为特征,火山作用微弱。变质镁铁-超镁铁质岩片(岩块)主体属古元古代蛇绿岩残片(韩庆森,2017;Han et al.,2017)。

古元古代晚期黄陵穹隆北部及南部地区进入碰撞造山构造演化阶段,发生古元古代(2.0~1.96Ga)具顺时针 $P-T$ 轨迹角闪岩相-高压麻粒岩相(局部榴辉岩相)变质变形,并形成北北东—北东向水月寺构造变质蛇绿混杂岩(Wu et al.,2009;Yin et al.,2013;Liu et al.,2019a,2019b;韩庆森等,2020;Li et al.,2022),碰撞造山后伸展体制下古元古代晚期(1.89~1.85Ga)未发生透入性变形的"双峰式"岩浆岩组合(A 型钾长花岗岩、流纹岩-流纹斑岩和辉绿-辉长岩岩墙群)。这表明黄陵穹隆基底在古元古代(2.0~1.85Ga)发生了一次重要的从俯冲-碰撞造山到碰撞造山后伸展垮塌的聚合与伸展作用事件,该事件和全球哥伦比亚超大陆聚合与裂解作用事件密切相关(凌文黎,1998,2000;Ling et al.,2001;Zhang et al.,2006b;Wu et al.,2009;Cen et al.,2012;Yin et al.,2013;熊庆等,2008;Peng et al.,2009;Han et al.,2017;2019;邱啸飞等,2017;陈超等,2020)。

(三)中~新元古代俯冲/增生碰撞造山拼合与伸展

黄陵穹隆基底南部主要由南崆岭太古宙古村坪岩组(3.0~2.78Ga)、古元古代小渔村岩组(2.0~1.85Ga)和中~新元古代庙湾岩组即中~新元古代庙湾蛇绿混杂岩(1.1~0.97Ga)构成。中~新元古代庙湾蛇绿混杂岩主要由形成于中元古代(约1.1Ga)大洋中脊构造环境的变质橄榄岩、变质堆晶橄辉岩-辉橄岩、变质辉长岩、变质辉绿岩、变质玄武岩(含枕状玄武岩),相关变泥质-硅质-灰质沉积岩岩石组合(即庙湾蛇绿岩岩石组合),新元古代早期(1.0~0.97Ga)形成于俯冲岛弧(洋内弧)构造环境的变质角闪辉长岩-闪长岩-辉绿岩岩石组合(彭松柏等,2010;Peng et al.,2012b;蒋幸福,2014;邱啸飞等,2015;Jiang et al.,2016;Deng et al.,2017),以及少量新元古代前陆盆地变泥质岩-泥质粉砂岩-砂岩-含砾砂岩(0.90~0.86Ga)等野复理石-复理石沉积建造组成(Lu et al.,2020;Jiang et al.,2022)。它在新元古代(0.91~0.90Ga)发生碰撞造山并经历了高角闪岩相强烈挤压构造变形变质,同时发育透入性构造片理、紧闭褶皱和逆冲推覆构造(Jiang et al.,2018)。

碰撞造山后伸展构造环境形成了未发生透入性构造变形、具埃达克质/TTG岩浆及富钾A型花岗岩特征的新元古代花岗侵入岩及岩墙(岩脉)群(865~790 Ma)(Zhang et al.,2008;2009;Zhao and Zhou.,2008,2013;Wei et al.,2012;Wu et al.,2016;Jiang et al,2018;Zhang et al.,2021;蒋幸福等,2021;惠博等,2022)。这也表明扬子克拉通基底是由南、北不同性质地块或地体经新元古代俯冲-碰撞造山(即格林威尔运动)及碰撞后伸展垮塌、拆沉作用,最终奠定现今扬子克拉通基底基本轮廓,进入陆内稳定沉积盖层演化阶段(Peng et al.,2012b;董树文等,2012;Dong et al.,2013;Gao et al.,2016;Xiong et al.,2016;Deng et al.,2021;王海燕等,2017;Shan et al.,2017;熊盛青等,2018;李冰等,2018;Guo and Gao.,2018;Yang et al.,2021;陈昌昕等,2022)。

二、盖层沉积构造演化阶段

(一)南华纪~早中生代稳定沉积

扬子克拉通黄陵穹隆基底自南华纪开始发生大规模沉降形成角度不整合(即晋宁运动),沉积了南华纪莲沱期一套曲流河-河口三角洲分支河道环境的陆相紫红色碎屑沉积地层,随后又沉积了南沱期大陆冰川沉积物,这也是全球"雪球地球事件"的重要地质记录。震旦纪陡山沱期开始连续沉积了一套以盆地边缘相至局限海台地相碳酸盐岩、黑色页岩为主的稳定克拉通海相沉积地层（刘宝珺等，1993；王剑等，2001；汪啸风等，2002；任洪佳等，2018；苏桂萍等，2020）。中生代中三叠世后受秦岭-大别印支期造山运动影响出现挤压构造隆升和差异升降（沈传波等，2009；徐大良等，2013；渠洪杰等，2014）。

（二）晚中生代～新生代陆内挤压-伸展

晚中生代侏罗纪以来扬子克拉通以太行山-武陵山地球物理梯度带为界，扬子克拉通黄陵穹隆地区进入陆内挤压-伸展构造演化活跃期。黄陵穹隆地区受晚侏罗世古太平洋板块俯冲作用影响，岩石圈地壳早期表现为以挤压为主要特征的构造隆升和沉积凹陷，盖层沉积地层中发育侏罗山式褶皱，即隔挡式褶皱和隔槽式褶皱，晚期以发育高角度脆性正断层为特征，并沿沉积地层以及基底接触面发育低角度顺层滑脱褶皱、韧性剪切断层、劈理带，奠定黄陵穹隆变质核杂岩构造型式基本轮廓（沈传波等，2009；刘海军等，2009；胡召齐等，2009；梅廉夫，2010；徐大良等，2013；Ji, et al., 2014；渠洪杰等，2014；张岳桥等，2012，2019a）。早白垩世开始古太平洋俯冲板片阶段性后撤，扬子克拉通黄陵穹隆以东地区岩石圈大规模伸展减薄构造作用强烈，构造、岩浆及成矿活动发育，形成大量内生金属矿产资源（吴福元等，2008；Xu et al., 2001；Zhu et al., 2012；张岳桥等，2012，2019a；Shan et al., 2017；朱日祥和徐义刚，2019；朱日祥和孙卫东，2021；朱光等，2021；Deng et al., 2021；Xu et al., 2021；Yang et al., 2021）。

新生代以来，扬子克拉通及黄陵穹隆地区主要受喜马拉雅构造运动青藏高原隆升和太平洋板块俯冲作用的双重影响，表现为挤压-伸展构造联合作用下陆内间歇性构造隆升（陈文等，2006；郑月蓉，2010；葛肖虹等，2010；余武等，2017；张岳桥等，2019b；Gan et al., 2020；Deng et al., 2021；Xu et al., 2021）长江三峡地区河流下切侵蚀作用强烈，形成以多级构造阶地发育、山高谷深、坡陡崖悬和岩溶发育为主要特征的地形地貌景观，以及频发的滑坡、岩崩地质灾害（谢明，1990；李长安等，1999）。

第三节 前寒武纪地质研究概述

一、前寒武纪年代地质事件

前寒武纪是地球演化中的一个漫长的地质时期，在地球演化时间中占比约4/5，分为冥古宙（4.0Ga）、太古宙（4.0～2.5Ga）和元古宙（2.5～0.54Ga）。太古宙分为4个代：始太古代、古太古代、中太古代和新太古代，以多期次的陆壳生长为特征。元古宙分为3个代：古元古代、中元古代和新元古代，从老到新又分为古元古代的成铁纪、层侵纪、造山纪和固结纪，中元古代的盖层纪、延展纪和狭带纪，以及新元古代的拉伸纪、成冰纪和埃迪卡拉纪。

古元古代成铁纪(2.5~2.3Ga)以大氧化事件及大量苏必利尔型条带状铁建造的形成为特征。层侵纪(2.3~2.1Ga)以发育大量层状侵入体、出现冰期为特征。造山纪(2.1~1.8Ga)以全球性的造山事件、极端变质作用(超高温/高压麻粒岩相变质)为特征。固结纪(1.8~1.6Ga)以结晶基底的稳定和非造山岩浆活动为特征。

中元古代盖层纪(1.6~1.4Ga)以大量地台型白云岩沉积为特征。延展纪(1.4~1.2Ga)以沉积盆地扩大、碎屑沉积岩发育为特征。狭带纪(1.2~1.0Ga)以发育格林威尔期造山带为特征。

新元古代拉伸纪(1000~720Ma)以伸展及非造山岩浆活动发育为特征。成冰纪(720~635Ma)以发育冰碛岩和盖帽碳酸盐岩为特征。埃迪卡拉纪(635~541Ma)以具有丰富的化石记录为特征。

古元古代造山~延展纪和中~新元古代狭带~埃迪卡拉纪也可以被视为两个超大陆地质构造演化旋回：前者属于哥伦比亚超大陆演化阶段，后者属于罗迪尼亚超大陆演化阶段。

在全球前寒武纪地质演化中有两个非常重要的地质转折时期，即太古宙晚期(2.8~2.5Ga，新太古代)和古元古代晚期(1.8~1.6Ga，固结纪)。太古宙晚期(新太古代)主要表现为大量陆壳(灰色片麻岩/TTG片麻岩、绿岩带)和全球主要克拉通(克拉通化)的形成。古元古代晚期主要表现为全球性的裂谷或裂解事件(非造山岩浆活动)，代表了全球构造体制和地球环境的另一个重要地质转折时期，持续时间长达1000Ma。这一地质时期，发育大量非造山岩浆活动，尤以基性岩墙群及相关岩浆岩最为发育，并伴随长时间稳定沉积作用，其中1.6~1.4Ga期间全球发育碳酸盐岩(以白云岩为主)台地。之后，地球大气圈和水圈逐步演化至与现今相似的状态，为生物圈演化奠定了基础。

二、前寒武纪地质构造岩石单元

太古宙时期地球已形成与现今规模大体相当的陆壳，通过克拉通化形成了全球30~40个主要克拉通，这些克拉通已具有稳定的岩石圈地幔、中酸性大陆地壳(圈层分异)和现代岩石圈板块的基本特征，从物质组成和结构上奠定了板块构造的基础。克拉通化形成的大陆地壳，其组成与元古宙及显生宙的大陆地壳存在非常大的差异。例如，一些典型岩石类型在太古宙之后很少见到，或者虽然在元古宙和显生宙也有产出，但其规模和数量已明显区别于太古宙，如科马提岩、磁铁石英岩、斜长岩、TTG片麻岩以及紫苏花岗岩等，这也是地球地质演化过程不可逆性的重要表现。实际上，这也对运用"将今论古"地质学基本思维方法，研究和理解早期地球演化历史等重大地球科学前沿问题带来了不可回避的挑战。

前寒武纪时期形成的大面积稳定陆块称为克拉通。按地质组成和结构演化特征，克拉通由下伏变质结晶基底与上覆未变质盖层沉积两个部分组成，形成"基底＋盖层"的典型二元结构，又可将它分为地盾和地台两种类型。地台以发育未变质盖层沉积为特征，如西伯利亚通古斯(Tunguska)克拉通；而地盾则很少发育盖层沉积，如加拿大斯拉夫(Slave)地盾。

按物质组成，克拉通变质结晶基底通常可分为高级区片麻岩-麻粒岩地体（high-grade gneiss terrains）和低级区绿岩带（greenstone belt）两类重要岩石构造单元，也称为花岗-绿岩带，其中前者在太古宙地壳岩石中占比达70%～80%（Windley，1995）。

克拉通是地球表面上相对稳定的构造单元，也是保留早期地球演化历史地质记录最主要的地区，由上部的古老大陆地壳和下部的岩石圈地幔组成。根据壳幔分异理论，地球早期演化主要表现为核-幔结构的形成，地幔发生大规模部分熔融导致壳幔分异。由于除氧和硅以外，地幔主要由铁和镁组成，在部分熔融壳幔分异过程中，铁具有比镁更低的熔融温度而优先熔出形成玄武质岩浆，剩下富镁残留。由于镁的密度相对于铁较小，因而富镁残留漂浮在早期形成的地壳之下构成岩石圈地幔。很显然，部分熔融程度越高，壳幔分异程度越高，所形成的岩石圈地幔密度越小。因此，克拉通岩石圈，特别是古老岩石圈地幔具有较小的密度，能够长久地漂浮在地球的表层，而其巨大的岩石圈厚度（约200km）和较低的热流使克拉通不易被板块俯冲等作用破坏，并且因较少受到其他地质作用改造的影响而保持长期稳定性。

世界上大部分典型克拉通自形成后均表现出长期稳定的特征，但我国华北克拉通以及扬子克拉通在中～新生代却均表现出强烈的"活化"或不稳定的特征。特别是近30年来大量的研究表明，华北克拉通东部早期古老巨厚富集岩石圈地幔在古生代以后被减薄的亏损型软流圈或大洋型地幔所取代，尤其是自中生代晚期燕山运动开始以来华北克拉通东部、扬子克拉通东部发生了大规模的构造变形和岩浆活动，形成多种类型盆地（如断陷盆地），并产生了大量的矿产资源，表现出克拉通"活化"失稳破坏的典型特征（吴福元等，2008；Xu et al.，2001；Zhu et al.，2012；朱日祥和徐义刚，2019；Liu et al.，2019c；朱日祥和孙卫东，2021；朱光等，2021；Deng et al.，2021；Gan et al.，2020；Xu et al.，2021）。

克拉通变质结晶基底主要由高级区片麻岩-麻粒岩地体组成，通常变质级别为麻粒岩相-角闪岩相，常表现为穹隆状、卵状的形态特征。主要有3种岩石组合类型：长英质片麻岩组合[英云闪长岩（tonalite）-奥长花岗岩（trondhjemite）-花岗闪长岩（granodiorite），简称TTG片麻岩]、深变质似绿岩带组合（枕状构造斜长角闪岩、超镁铁质岩、孔兹岩系和磁铁石英岩），以及火山-沉积岩组合（孔兹岩系、磁铁石英岩、中性麻粒岩、石英岩和大理岩）。一些克拉通变质结晶基底以低级区为主（如加拿大苏必利尔克拉通），另一些则以高级区为主（如印度达尔瓦克拉通），还有一些两者均比较发育（如巴西圣弗朗西斯科克拉通）。

花岗片麻岩区主要有3种岩石类型：片麻状杂岩、底辟岩体和后构造花岗岩。我国华北克拉通、扬子克拉通发育的变质结晶基底既不同于典型的高级区，也不同于典型的低级区。华北克拉通变质结晶基底发育大量变质表壳岩系，主要由变质火山-沉积岩系组成，具典型绿岩带的部分特征，但普遍发生角闪岩相-麻粒岩相高级变质作用，也符合高级区变质作用的特征。这些高级变质表壳岩系与花岗质片麻岩也被称为高级变质花岗岩-绿岩地体。高级区片麻岩-麻粒岩地体代表性的地区有格陵兰岛南部、波罗地、乌克兰、西伯利亚（阿尔丹）和印度南部等地区。扬子克拉通黄陵穹隆变质结晶基底也发育有大量变质表壳岩系，该变质表壳岩系主要由变质火山-沉积岩系组成,普遍发生角闪岩相-麻粒岩相高级变质作用,这与华北克拉通出露的变质结晶基底有许多相似之处。

绿岩带区通常由低级或未变质火山-沉积岩组成,常表现为带状或线状复式向斜褶皱带,也是克拉通变质结晶基底的重要组成部分。一般完整的克拉通绿岩带岩石地层层序由3个部分组成:①底部是双峰式火山岩系列,由科马提岩、拉斑玄武岩及少量长英质凝灰岩、层状燧石岩组成,缺少安山岩;②中部是钙碱性火山岩系列,包括拉斑玄武岩、安山岩、英安岩和少量科马提岩、碎屑沉积岩等;③上部为浅海浊流沉积岩组合。绿岩带多呈孤立的不规则带状或线状地质体存在于花岗岩和片麻岩中,平均宽度为20～100km,延长数百千米,最小只有几百米,内部多呈分支状复式向斜。太古宙高级区片麻岩-麻粒岩地体和绿岩带的著名产地有南非的巴伯顿、津巴布韦,澳大利亚的伊尔冈、皮尔巴拉,以及加拿大的苏必利尔克拉通(阿比提比绿岩带)等。

克拉通变质结晶基底高级区片麻岩-麻粒岩地体与绿岩带的关系目前未有定论,主要有以下几种代表性的观点:高级区片麻岩-麻粒岩地体是绿岩带深部的产物;高级区片麻岩-麻粒岩地体和绿岩带在形成时代和构造环境上完全不同;高级区片麻岩-麻粒岩地体和绿岩带的形成时代大体相同,但构造环境完全不同(分属稳定区、活动区)。我国类似绿岩带的地质体常常变质程度较高,除鲁西绿岩带以外大多缺乏典型科马提岩,并且相对缺少富氧化型铁矿富集。

克拉通变质结晶基底形成过程,也称为克拉通化。克拉通化的动力学机制一直受到广泛关注。由于克拉通变质结晶基底的主体岩石(灰色片麻岩/TTG 片麻岩、绿岩带)均未大面积出现于显生宙,因此它们的形成是否通过板块俯冲构造体制实现,也是早期地球演化及动力学机制等前沿研究领域的重大地球科学问题。也有部分学者认为,大量 TTG 片麻岩的形成及类似于大火成岩省绿岩带的形成与地幔柱构造体制有关。从构造形成样式来看,克拉通变质结晶基底地区常见深成侵入体形成的"片麻岩穹隆"构造、绿岩带围绕"片麻岩穹隆"的"穹隆-龙骨"构造,这些构造样式也被一些学者认为可能指示了大陆的垂向构造演化过程(如地幔柱构造)。然而,由于大量钙碱性花岗岩形成的前提条件是大量基性下地壳在富水条件下发生部分熔融,因而它们的形成可能对应于板块构造的动力学过程,只是这种早期板块构造与现今板块构造存在一定差异。最新的研究揭示,部分克拉通地壳(如中国华北克拉通、印度 Dharwar 克拉通)均具有"三明治"结构特征(Peng et al.,2019),这可能指示垂向生长作用在克拉通化过程中起着重要作用。但克拉通变质结晶基底岩石的时空分布特征显示,它们同样也存在水平方向上的扩展(如 Slave 克拉通)。因此,克拉通的生长过程实际上既具有水平方向上的生长,也具有垂直方向上的生长(Lin and Beakhouse.,2013)。

克拉通变质结晶基底内部,无论是高级区还是低级区,占主导地位的是变质花岗岩侵入体,并普遍发育片麻状构造,因其主体呈灰色也称灰色片麻岩(grey gneiss)或长英质片麻岩。高级区与低级区的 TTG 片麻岩成分相似,但高级区以花岗闪长岩为主,低级区以英云闪长岩为主。两种岩区的 TTG 片麻岩地球化学特征相似,但高级区大多数 TTG 片麻岩不相容大离子亲石元素(large ion lithophile element,LILE)及 Eu 常常亏损,这可能与麻粒岩相变质有关。目前,TTG片麻岩的成因主要有两种模式:第一种为玄武质母岩浆分离结晶,第二种为镁铁质岩石的部分熔融。大部分学者认为,板块俯冲带是TTG片麻岩形成的理想构造环境。例如,我国华北克拉通基底分布有大量不同尺度的2.5～2.6Ga的TTG片麻岩穹隆(长5～60km,宽2～40km),并被一些网状或线状约2.5Ga的变质表壳岩系以开阔到紧闭的复式向斜分开。穹隆核部常发育有2.5Ga的同构造紫苏花岗岩(分布于麻粒岩相地区)或石英二长岩(分布于角闪岩相地区),如冀东迁安穹隆、崔杖子穹隆和太平寨-三屯营穹隆群,辽北清原穹隆和吉林南部桦甸穹隆等。这些片麻岩穹隆的形成被认为与TTG片麻岩的侵入有关,或认为这些片麻岩穹隆由两期或更多期褶皱的叠加形成。

麻粒岩是克拉通变质结晶基底中一种常见的高级区域变质岩,由粒状变质矿物组成,以岩石中含有高温斜方辉石(紫苏辉石)为重要标志。因岩性不同,麻粒岩可含有石英、石榴石、夕线石、蓝晶石、角闪石和/或黑云母等特征矿物。一般认为麻粒岩是细—中粒变质岩,具有花岗变晶或粒状变晶结构,块状—片麻状构造。富含镁铁质矿物的麻粒岩称为暗色麻粒岩或基性麻粒岩。麻粒岩相变质的温度范围通常为700～900℃,压力范围一般为0.3～1.2Gpa。超高温麻粒岩也是前寒武纪常见的一种麻粒岩,由变质峰期温度大于900℃的高级变质作用形成,其原岩多为富铝泥质岩。麻粒岩主要有两种典型的退变质$P-T$轨迹:近等温减压(isothermal decompression,ITD)和近等压冷却(isobaric cooling,IBC)。近等温减压(ITD)多与洋陆俯冲碰撞或者陆陆碰撞造山作用过程有关,而近等压冷却(IBC)多与岩浆增生、正常地壳拉伸和增厚地壳的拉伸等地质作用过程有关。

目前,麻粒岩有不同的分类方案,如根据变质压力可分为高压麻粒岩和中低压麻粒岩,根据SiO_2含量不同可分为基性麻粒岩、中性麻粒岩和酸性麻粒岩等。根据麻粒岩地体的产状麻粒岩可分为两大类:太古宙面状麻粒岩-紫苏花岗岩杂岩和显生宙线状麻粒岩。太古麻粒岩主要为区域性出露的中、低压麻粒岩(变质压力小于1.0Gpa),而显生宙线状麻粒岩出露的中、高压麻粒岩较多。此外,还有以包体(捕虏体)形式出露于火成岩中的麻粒岩。麻粒岩地区的混合岩化现象常见,主要表现为变质岩发生深熔作用形成长英质熔体或脉体,部分地区形成紫苏花岗岩。麻粒岩相变质表壳岩系主要为基性麻粒岩(变质基性火山岩)、酸性麻粒岩(变质酸性火山岩),以及经历麻粒岩相变质的条带状铁建造等。

古元古代晚期的非造山岩浆活动,上承古元古代造山纪全球性造山事件,下接中元古代盖层纪全球性白云岩沉积。发育的典型岩浆岩类型主要包括:斜长岩、环斑花岗岩和基性岩墙群。环斑花岗岩(rapakivi granite),以斑晶为球形、卵形的钾长石(条纹长石、微斜长石),外绕更长石环边或钠-更长石环边为特征。环斑结构主要有两种成因:岩浆混合和结晶分异(快速减压、缓慢降温)(Haapala and Rämö,1999;Sharkov,2010)。一些学者认为环斑花岗岩本质上是一种发育环斑结构的A型花岗岩。环斑花岗岩相关的岩浆活动常表现为双峰式特征(基性岩+酸性岩),如辉绿岩-斜长岩+环斑花岗岩-正长岩岩石组合。环斑花岗岩通常被认为形成于非造山构造环境,或者由造山带加厚地壳部分熔融形成,或者与基性岩浆岩底垫(底侵)作用有关。一般认为基性岩浆岩底侵作用可能对应于活动裂谷、消亡裂谷(坳拉谷),或地幔柱活动。环斑花岗岩主要形成于元古宙晚期(1800~1000 Ma),是非造山岩浆活动带的重要岩石类型。

基性岩墙群是由一定数量具有相同或相似产状的线性基性岩墙组成的,是地壳伸展背景下,来自地幔的基性岩浆侵入体。巨型基性岩墙群是大火成岩省的岩浆通道,也是其重要组成部分。基性岩墙群常常是克拉通内相当时间内唯一显著的岩浆地质记录,也是全球前寒武纪古陆块对比的重要构造标志和时间标尺。大多数前寒武纪古大陆都发育有基性岩墙群,基性岩墙群为超大陆的重建提供了重要依据。岩墙群大小主要和产出的构造背景有关,其中与火山岩建造相关的岩墙群长度通常小于100km,而与地幔柱活动相关的岩墙群最大长度甚至可大于2000km(Ernst et al.,2001)。Abbott和Isley(2002)提出超级地幔柱对应岩浆通道岩墙的最大宽度大于或等于70m。基性岩墙群产出的构造背景多种多样,但大多数产出于地幔柱相关的离散型板块边缘或者板内裂谷构造背景。

第四节 岩浆岩、变质岩分类及命名

一、岩浆岩分类及命名

(一)深成侵入岩分类及命名

1. 深成侵入岩的分类

首先统计测算岩石中暗色镁铁质矿物含量(色率或M值),然后依据不同图解进行实际矿物含量的分类。具体方法如下。

1)M<90%的岩石

根据统计测量的岩石中石英(Q)、斜长石(P)(An>5)、碱性长石(A)(包括钾长石、条纹长石和An<5的钠长石)、似长石(F)的含量,运用QAPF双三角图(图1-4)进行投图分类。由于深成侵入岩中石英与似长石不共生,每一种岩石只能含这4种矿物中的3种,因此只会投到双三角图中的一个三角形区内。需要注意的是,在投图前应将实测的3种矿物含量的总和重新换算为100,然后再按图1-5所示方法投点,最后根据投点落入的区域确定岩石的基本名称。

(1)2区的碱长花岗岩。如果岩石中含钠质角闪石或钠质辉石,应称为碱性花岗岩。如果碱长花岗岩中暗色矿物很少(M<10%),则称为白岗岩。

(2)4区的花岗闪长岩。一般An<50,如An>50(极罕见),则可称为花岗辉长岩。

(3)5区的英云闪长岩。如果M<10%,可称为奥长花岗岩或斜长花岗岩,它们均属于淡色英云闪长岩。斜长花岗岩一般产出于蛇绿岩套中,而奥长花岗岩是太古宙灰色片麻岩

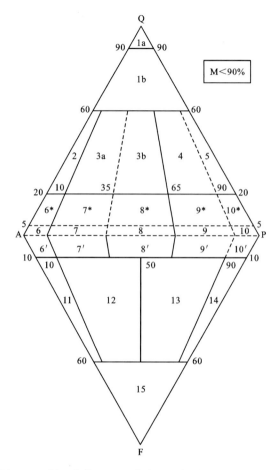

图 1-4 侵入岩的 QAPF 分类双三角图(Le Maitre,1989)

注:Q. 石英;A. 碱性长石(正长石、微斜长石、条纹长石,An 为 0~5 的钠长石等);P. An 为 0~100 的斜长石;F. 似长石(霞石、方钠石、黄长石等);M. 铁镁矿物及相关矿物(云母类、角闪石类、辉石类、橄榄石类、不透明矿物及绿帘石、石榴石、楣石等副矿物)。1a. 硅英岩;1b. 富石英花岗岩类;2. 碱长花岗岩;3. 花岗岩;3a. 正长花岗岩;3b. 二长花岗岩;4. 花岗闪长岩;5. 英云闪长岩;6*. 石英碱长正长岩;7*. 石英正长岩;8*. 石英二长岩;9*. 石英二长闪长岩/石英二长辉长岩;10*. 石英闪长岩/石英辉长岩/石英斜长岩;6. 碱长正长岩;7. 正长岩;8. 二长岩;9. 二长闪长岩/二长辉长岩;10. 闪长岩/辉长岩/斜长岩;6′. 含似长石碱长正长岩;7′. 含似长石正长岩;8′. 含似长石二长岩;9′. 含似长石二长闪长岩/含似长石二长辉长岩;10′. 含似长石闪长岩/含似长石辉长岩;11. 似长石正长岩;12. 似长石二长正长岩;13. 似长石二长闪长岩/似长石二长辉长岩;14. 似长石闪长岩/似长石辉长岩;15. 似长石岩。图中数据 90、60、20、10 表示矿物质量分数,分别为 90%、60%、20%、10%,下文同类数据含义相同。

(TTG 片麻岩)的组成部分,在各个时代活动大陆边缘均有出现。

(4)在富斜长石的几个分区内,均有两个以上的岩石名称,最终定名还需考虑斜长石牌号(An)和镁铁矿物含量(M)。其中,辉长岩与闪长岩(M>10%)的区别为:前者斜长石 An>50,而后者 An<50;斜长岩是指 M<10% 的岩石。

(5)11 区的基本名称是似长石正长岩,但一般直接用似长石的矿物名称来命名岩石,如霞石正长岩、方钠石正长岩。

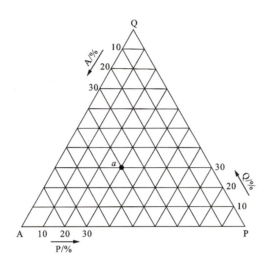

图 1-5 矿物分类三角图投图方法

注：a 点成分相当于 Q=30%，P=30%，A=40%，投点位于 Q=30%、P=30% 和 A=40% 三条含量线的交点上。

2) 镁铁质侵入岩（辉长岩）

应据其中暗色矿物的种类及含量进一步分类（图 1-6）。当暗色矿物主要为辉石（Px）和橄榄石（Ol）时，用图 1-6(a) 分类；当暗色矿物主要为辉石（Px）和角闪石（Hb）时，用图 1-6(b) 分类；当暗色矿物主要为辉石时，用图 1-6(c) 分类。

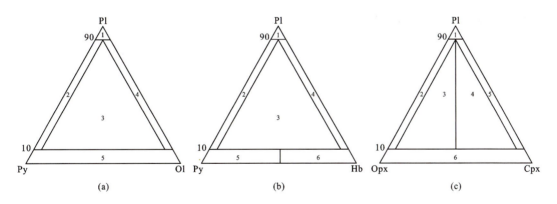

图 1-6 辉长岩及相关岩石矿物分类图

注：(a) 1.斜长岩；2.辉长岩（Cpx>Opx）、苏长岩（Opx>Cpx）、辉长苏长岩（Cpx≈Opx）；3.橄榄辉长岩、橄榄苏长岩、橄榄辉长苏长岩；4.橄长岩；5.含斜长石的超镁铁质岩。(b) 1.斜长岩；2.辉长岩（Cpx>Opx）、苏长岩（Opx>Cpx）、辉长苏长岩（Cpx≈Opx）；3.辉石角闪辉长岩、辉石角闪苏长岩、辉石角闪辉长苏长岩；4.角闪石辉长岩；5.含斜长石角闪辉石岩；6.含斜长石辉石角闪岩。(c) 1.斜长岩；2.苏长岩；3.单斜辉石苏长岩；4.斜方辉石辉长岩；5.辉长岩；6.含斜长石辉石岩。

3) M≥90% 的火成岩

M≥90% 的火成岩称为超镁铁质岩,它包括 $w(SiO_2)<45\%$ 的超基性岩和部分 $w(SiO_2)>45\%$ 的基性岩(例如,辉石岩)。全晶质的超镁铁质岩按照所含镁铁矿物(橄榄石、斜方辉石、单斜辉石、角闪石、黑云母等)的含量进行分类(图 1-7)。

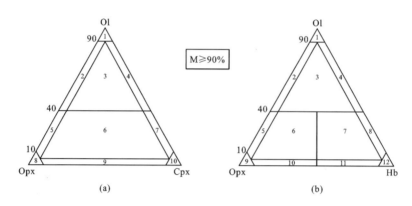

图 1-7 超镁铁质岩分类图

注:(a)1.纯橄榄岩;2.方辉橄榄岩;3.二辉橄榄岩;4.单辉橄榄岩;5.橄榄方辉辉石岩;6.橄榄二辉岩;7.橄榄单辉辉石岩;8.方辉辉石岩;9.二辉辉石岩;10.单斜辉石岩。(b)1.纯橄榄岩;2.辉石橄榄岩;3.辉石角闪橄榄岩;4.角闪橄榄岩;5.橄榄辉石岩;6.橄榄角闪辉石岩;7.橄榄辉石角闪岩;8.橄榄角闪岩;9.辉石岩;10.角闪辉石岩;11.辉石角闪岩;12.角闪岩。Ol:橄榄石;Opx:斜方辉石;Cpx:单斜辉石;Hb:角闪石;Px:辉石。

2. 深成侵入岩命名的原则

根据上述分类方案,可得到岩石的基本名称。然后还需要对岩石进一步命名,确定岩石的种属。深成侵入岩命名的一般原则如下。

(1)以岩石中所含的次要矿物(>5%)为前缀,例如闪长岩中含有 10% 的辉石,则该闪长岩应命名为辉石闪长岩。次要矿物不止一种时,按"少前多后"的原则排列。例如,当橄榄岩中含 10% 的斜方辉石、5% 的褐色角闪石时,则该橄榄岩应命名为角闪方辉橄榄岩。

(2)某些特殊种类矿物无论含量多少都可参与命名,如堇青石花岗岩、绿帘石花岗闪长岩。

(3)特殊结构、构造也可以参与命名,如晶洞花岗岩等。

(4)岩石若遭受蚀变,且需要在其命名中加以强调时,则要将蚀变矿物冠于岩石基本名称之前,如蛇纹石化二辉橄榄岩等。

(5)侵入岩名称的构成:附加修饰词+基本名称。常用的附加修饰词(或前缀)有 1~2 种,一般不超过 3 种。因此,命名时要择优而用,其他特征均应放在文字中描述。附加修饰词(或前缀)在岩石名称中通常排列顺序如下:蚀变作用—颜色—化学术语—成因术语—构造结构术语—特殊矿物—次要矿物—主要矿物—基本名称。

（二）浅成侵入岩分类及命名

1. 浅成侵入岩的概念

浅成侵入岩是指侵位深度介于 0~5km 的岩体，一般为规模较小的侵入体，常见的有岩脉、岩墙、岩床、岩盖、小岩株、隐爆角砾岩体等。岩墙、岩脉通常可以笼统称为"脉岩"。岩体中可能有晶洞构造、角砾状构造、流动构造，与围岩多呈不协调接触。因冷却速度快、静水压力较低，浅成岩一般具有细粒结构、隐晶质结构及斑状结构。矿物常保存了高温条件下的结构状态，常见高温石英斑晶、透长石斑晶，并可见易变辉石等矿物。围岩接触变质较弱，有时有硅化、绿泥石化、绢云母化蚀变。

2. 浅成侵入岩的分类

脉岩根据矿物组合特征可分为两类。

（1）与深成岩矿物组合相似的脉岩，称为未分脉岩。未分脉岩参照常见深成侵入岩的基本名称，结合岩石的结构特点定名，如花岗斑岩、闪长玢岩、微晶闪长岩、正长斑岩、辉绿岩等，具有与深成侵入岩相近的名称。斑状花岗岩等岩石属于深成岩（基本名称是花岗岩，具似斑状结构），不在浅成侵入岩的讨论范围内。

（2）与深成岩成分差别较大的脉岩，称为二分脉岩，包括以浅色矿物为主的细晶岩（具细粒结构）、伟晶岩（具伟晶结构）和以暗色矿物为主的煌斑岩。煌斑岩一般具有煌斑结构，即以自形的角闪石、云母等镁铁质矿物作为斑晶。煌斑岩命名时要考虑斑晶的类型及斑晶与基质的主要矿物等。

3. 次火山岩的命名

次火山岩是与火山岩（喷出岩、火山碎屑岩）同源的、侵位于地表以下很浅部位的侵入岩，它们常常是火山通道相的组成部分。然而，由于受露头观察限制，次火山岩的判别带有一定不确定性，主要看它是否与火山岩在空间、时间和成因上存在联系。如果岩石与火山岩在空间上相连、在形成时间上相近、在成分和外貌上相似，表明与火山岩有密切联系，一般应属于次火山岩。如果该区无火山岩出露而侵入岩发育，且与侵入岩关系密切，则该区岩体可能是深成岩体的浅成相，或属于独立的浅成侵入岩体。目前，尚无统一的次火山岩分类命名方案，一般按浅成岩的命名方法来确定相关岩石的名称，如辉绿玢岩、闪长玢岩、石英斑岩等。

4. 玢岩和斑岩在岩石命名中的用法

具有斑状结构的浅成岩，当岩石中的斑晶矿物以斜长石和暗色矿物为主时，称为玢岩，如闪长玢岩、辉绿玢岩；当岩石中的斑晶矿物为碱性长石、石英和似长石类时，则称为斑岩，如正长斑岩、石英斑岩等。不具斑状结构的浅成岩由于颗粒细小（微粒或细粒），因而需在深成岩名称前加上"微晶"二字，以此区别于细粒的深成岩，如微晶闪长岩。

（三）火山岩（熔岩）的分类及命名

1. 火山岩（熔岩）的分类

（1）对于矿物含量可以确定者而言，可用 QAPF 分类法。此法用于 M<90%，且能够识别确定实际矿物含量的火山岩。QAPF 图的分类基本名称和分区与侵入岩的对应，但略有简化（图 1-8）。在使用 QAPF 图解时，应注意：Q、A、P 或 A、P、F 质量分数的计算均要在扣除 M 值的基础上，将实测 3 种矿物含量的总和换算为 100；然后，按矿物分类三角图投图方法投点；最后根据投点落入区域确定岩石的基本名称。

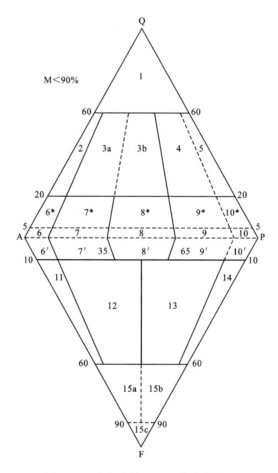

图 1-8　火山岩的 QAPF 分类命名图

注：1.富石英流纹岩；2.碱长流纹岩；3a、3b.流纹岩；4.英安岩；5.斜英安岩；6*.石英碱长粗面岩；7*.石英粗面岩；8*.石英安粗岩；9*.石英安山岩；10*.石英玄武岩；6.碱长粗面岩；7.粗面岩；8.安粗岩；9.安山岩；10.玄武岩；9′.含副长石安山岩；10′.含副长石玄武岩；6′.含似长石碱长粗面岩；7′.含似长石粗面岩；8′.含似长石安粗岩；11.响岩；12.碱玄质响岩；13.响岩质碱玄岩（Ol>10%）、响岩质碱玄岩（Ol<10%）；14.碱玄岩（Ol>10%）、碱玄岩（Ol<10%）；15a.响岩质似长岩；15b.碱玄质似长岩；15c.似长岩。Q.石英；A.碱性长石；P.斜长石；F.似长石。

(2) 矿物含量无法确定但有化学分析数据者,也可用火山岩硅-碱(TAS)图解分类法。Le Bas 等(1986)代表国际地质科学联合会(International Union of Geological Sciences, IUGS)火成岩分会提出了一个火山岩硅-碱(TAS)化学分类方案(图 1-9),但应用 TAS 分类需注意以下几点:分析化验的岩石要选用无风化、无蚀变、无矿化的比较新鲜的岩石,也可使用部分受到低级变质作用影响的火山岩;新鲜岩石的岩石化学标准是 $w(H_2O)<2\%$, $w(CO_2)<0.5\%$,不新鲜者不予采用,并且在扣除岩石中 H_2O 和 CO_2 的含量后,再把其他氧化物重新换算为百分比。

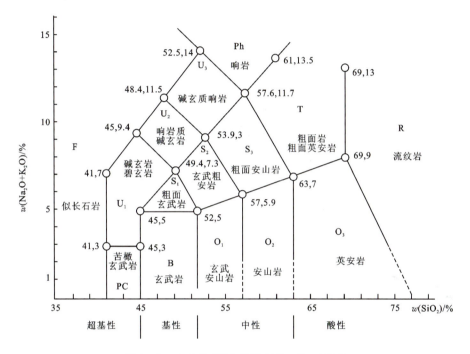

图 1-9　火山岩 TAS 分类图(Le Bas,1986)

注:图中小圆圈为 SiO_2、Na_2O+K_2O 的坐标点,附有坐标值。O - SiO_2 过饱和,S - SiO_2 饱和,U - SiO_2 不饱和。

如果火山岩受风化或蚀变影响较大,也可采用不活动元素分类图。例如,火山岩的 Nb/Y — Zr/TiO_2 分类图解(Winchester and Floyd.,1977)。

各区岩石的基本名称与进一步细分的种属名称如下所列。

①PC 区岩石基本名称是苦橄玄武岩。②B 区岩石基本名称是玄武岩。根据 SiO_2 饱和程度和是否含有霞石标准矿物(Ne),可将玄武岩分为碱性玄武岩(含 Ne)和亚碱性玄武岩(不含 Ne)。③B 区、O_1 区、O_2 区、O_3 区和 R 区的岩石基本名称分别是玄武岩、玄武安山岩、安山岩、英安岩及流纹岩。这些岩石可以根据划分岛弧火山岩套的硅-钾图进一步划分为高钾、中钾和低钾等系列,也可以作为冠词,称为高钾玄武岩、中钾流纹岩等。④R 区岩石基本名称是流纹岩,根据过碱指数($PI=(Na_2O+K_2O)/Al_2O_3$,分子数比值)可进一步划分为流

纹岩(PI<1)和过碱性流纹岩(PI>1)。⑤T区岩石基本名称是粗面岩和粗面英安岩,两者是以CIPW标准矿物Q含量区分的,$w(Q)<20\%$的岩石为粗面岩,$w(Q)>20\%$的岩石为粗面英安岩,Q的含量是指Q+An+Ab+Or中Q的含量,与QAPF图中的Q含量相当。当粗面岩的PI>1时,称为过碱性粗面岩。⑥S_1区、S_2区和S_3区的基本名称分别是粗面玄武岩、玄武粗安岩和粗安岩。根据钾、钠的相对含量进一步区分为钠质夏威夷岩-橄榄粗安岩-歪长粗面岩系列和弱钾质钾玄岩-安粗岩系列。其对应的岩石名称如表1-1所示。⑦U_1区岩石基本名称是碧玄岩和碱玄岩,两者的区别在于CIPW标准矿物橄榄石(Ol)的含量,前者Ol>10%,后者Ol<10%。U_2区和U_3区岩石基本名称分别是响岩质碱玄岩和碱玄质响岩。⑧F区岩石基本名称是似长石岩,其主要种属是霞石岩、白榴岩和黄长岩。

对于高镁火山岩(当岩石的$w(MgO)>8\%$时)而言,由于有些岩石没有包括在TAS分类图中,因而需根据其岩相学和岩石化学特征确定其名称,如表1-2所示。

表1-1 火山岩TAS分类图部分岩石进一步划分(据Le et al.,2002)

类型	粗面玄武岩	玄武粗安岩	粗安岩
钠质系列($Na_2O-2 \geq K_2O$)	夏威夷岩	橄榄粗安岩	歪长粗面岩
(弱)钾质系列($Na_2O-2<K_2O$)	钾质粗面玄武岩	钾玄岩	安粗岩

表1-2 高镁火山岩岩石类型划分(据Le et al.,2002)

名称		$w(SiO_2)$	$w(MgO)$	$w(Na_2O+K_2O)$	$w(TiO_2)$
玻镁(古)安山岩		>52%	>8%	/	<0.5%
苦橄岩类	苦橄岩	30%~52%	>12%	<3%	/
	科马提岩	30%~52%	>18%	<2%	<1%
	麦美奇岩	30%~52%	>18%	<2%	>1%

上述分类图中没有关于海相火山岩的命名。海相火山岩常用的名称有细碧岩、角斑岩和石英角斑岩,它们分别代表了蚀变的基性、中性和酸性海相火山岩。

2. 火山岩命名的原则

在对火山岩进行进一步命名时,需在基本名称之前加冠,包括矿物名称(如黑云母安山岩)、结构名称(如碎斑流纹岩)、化学特征(如高铝玄武岩)等。加冠这些修饰词的主要原则如下。

(1)加冠的修饰词要与岩石的基本名称含义一致,只能进一步描述岩石基本名称的特征,如不能出现"无石英流纹岩"这样的名称。

(2)当加冠的修饰词含义不够明确时,应给予量的概念。对一些地球化学术语,如"高钾""低钾""富锶""贫镁"等名称,应注明化学元素含量大于或小于某个值,或用图解来进一步说明。

(3)当加冠的修饰词为一个以上矿物名称时,应按照少前多后原则来命名。如角闪黑云安山岩,表示岩石中黑云母的含量大于角闪石。

(4)对于含玻璃质的火山岩而言,玻璃含量不同,加冠词也不相同。不同的玻璃含量(%)的冠词名称如表1-3所示。

表1-3 不同的玻璃含量的冠词名称

玻璃含量/%	20	20~50	50~80
冠词名称	含玻	富玻	玻质 (或另用专用名称,如黑曜岩、松脂岩、珍珠岩)

(5)当不能测定实际矿物含量,又无岩石化学分析数据时,可以根据斑晶的种类命名(参考下面的简易命名方法)。

(四)岩浆岩分类的简易流程

岩浆岩(火成岩)分类方案主要涉及的是常见的侵入岩和火山岩。在实际工作中,当我们遇到具体的岩石时,首先要确定它究竟是岩浆岩、沉积岩,还是变质岩。如果是岩浆岩,则要在排除火山碎屑岩和特殊岩类(如碳酸岩、黄长岩、煌斑岩、金伯利岩、钾镁煌斑岩等)的基础上,用QAPF图和TAS图确定常见侵入岩和火山岩的基本名称。侵入岩包括深成岩和浅成岩,可以结合岩石结构和产状进一步定名。主要岩石的分类简易流程见图1-10。常见的岩浆岩类型及基本特征见表1-4。

二、变质岩分类及命名

变质岩是地壳中先形成的岩浆岩、沉积岩或先存的变质岩在基本固态条件下矿物成分、化学成分以及结构构造发生改变而形成的岩石。它们的岩性特征受原岩控制,具有一定继承性,又遭受了不同的变质作用,因而矿物成分和结构构造又具有一定新生性(如含有特定的变质矿物和定向构造等),但基本未发生过熔体的明显迁移。通常,岩浆岩经变质作用形成的变质岩称为正变质岩,而沉积岩经变质作用形成的变质岩称为副变质岩。

常见变质岩分类是基于岩石的矿物成分、结构、构造等岩相学特征对基本岩石类型进行划分的,包括以矿物成分和以组构等特征为主的分类方案。矿物成分分类方案以Winkler (1976)和王仁民等(1989)的分类方案最具代表性,适用于以变质重结晶作用形成的造山区域变质岩。但是矿物成分分类方案中有一些不发育片状或片麻状构造的岩石可被分类图解

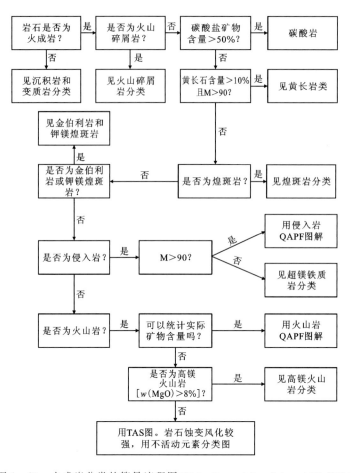

图 1-10 火成岩分类的简易流程图（据 Le Bas and Streckeisen,1991 修改）

确定为片岩或片麻岩，导致出现一些岩石名称与岩石构造不一致的情况。变质岩的组构特征分类方案以 Hyndman(1985)、Best(2003)、Raymond(1995;2002)、路凤香和桑隆康(2002)、桑隆康和马昌前(2012)、程素华和游振东(2016)提出的分类方案为代表。国际地质科学联合会(IUGS)推崇这一方案，不仅推出了基于构造特征的分类表，还推荐了岩石定名的术语和流程图(Fettes and Desmons,2007)。Winter(2014)也在撰写的教材中推荐和采用这一组构特征分类方案。

近 10 年来，变质岩构造特征和矿物成分相结合的分类方案被国外变质岩岩石学教科书所采用，成为变质岩岩相学分类的主流。国内学者桑隆康和马昌前(2012)编制的岩相学分类方案，可用于常见的造山区域变质岩、接触热变质岩、混合岩、断层动力变质岩和交代变质岩这 5 个成因类型变质岩的岩石类型划分。该分类方案是在 Raymond(1995,2002)和 Best(2003)的分类方案基础上进一步扩展并表格化而形成的。它以岩石构造特征为一级分类指标，把变质岩分为面理化和无面理至弱面理化两大类，然后结合矿物成分给出各个成因类型变质岩岩石基本名称。陈曼云等(2009)则以岩石化学类型和成因类型为一级分类指标，将组构特征作为次一级分类指标，对各成因类型的变质岩做了进一步划分。

表1-4 常见的岩浆岩类型及基本特征

暗色矿物含量分类	超镁铁质岩类	镁铁质岩类		中性岩类		长英质岩类		
酸度分类	超镁铁岩	基性岩		中性岩		酸性岩		
碱度和铝饱和数分类		亚碱性	碱性	亚碱性	碱性	准铝质	过铝质	过碱性
岩石类型	橄榄岩-苦橄岩类	辉长岩-玄武岩类	碱性辉长岩-碱性玄武岩类	闪长岩-安山岩类	二长岩-粗面岩类	正长岩-粗面岩类	花岗岩-流纹岩类		
色率(M)/%	>90	50~90		15~50		<15		
$w(SiO_2)$/%	<45	45~52		52~63		>63		
石英含量(体积)/%	不含	可含	不含	<20		>20		
似长石含量(体积)/%	不含	不含	>5	不含	在硅酸不饱和岩石中可含	不含		
长石种属及含量	较少	基性斜长石	碱性长石及基性斜长石	中性斜长石,可含碱性长石	碱性长石为主,含斜长石	以碱性长石为主	碱性长石及中酸性斜长石		
暗色矿物及特征矿物	以橄榄石、斜方辉石、单斜辉石为主,辉石次之	主要为普通辉石、低钙辉石(顽火辉石),易变辉石,可含橄榄石、角闪石	普通辉石较多,可含橄榄石(含铁)、橄榄石	以角闪石为主,可含辉石、黑云母次之	可见普通角闪石、黑云母,在碱性岩及过碱性中性岩中,还出现中性角闪石、钠质辉石、富铁云母	辉石、角闪石、黑云母	黑云母、白云母,并含堇青石、石榴石、刚玉及铝硅酸盐矿物	铁橄榄石、霓石、霓辉石、钠铁闪石、富铁云母
侵入岩 深成岩 显晶质等粒结构或似斑状结构	纯橄榄岩、辉石橄榄岩	辉长岩、苏长岩、斜长岩	碱性辉长岩	闪长岩	二长岩	正长岩、碱性正长岩	花岗岩、花岗闪长岩		碱性花岗岩
侵入岩 浅成岩 全晶质细粒结构	辉石岩	辉绿岩	碱性辉绿岩	闪长玢岩	二长斑岩	正长斑岩	微晶花岗岩		霓石花岗岩
侵入岩 浅成岩 斑状结构		辉绿玢岩	碱性辉绿玢岩	闪长玢岩	二长斑岩	正长斑岩	花岗斑岩、花岗闪长斑岩		
喷出岩 斑状结构,隐晶质结构或玻璃质结构	苦橄岩玻基纯橄岩、科马提岩、麦美奇岩	拉班玄武岩、高铝玄武岩	碱性玄武岩、碧玄岩、白榴玄武岩	安山岩	粗安岩	粗面岩、碱性粗面岩	流纹岩、英安岩		钠闪碱流岩、碱流岩

陈能松等（2021）基于对"组构为岩石结构和构造特征的总和"的理解，提出变质岩常见的组构组分（fabric components）概念。所谓组构组分，就是可共同或分别用来表征某一成因类型变质岩的结构构造特征（即组构特征）的最小矿物成分组成单元。组构组分存在于常见的五大成因类型变质岩中，但在不同成因类型变质岩中因其变质作用机制和主要影响因素的差异而有所不同。

造山区域变质岩的主要变质作用机制是变质结晶作用，其主要外部影响因素有静岩压力和温度，综合影响因素有流体和应力作用，组构组分为变质矿物（变晶）或矿物集合体，岩石结构为变晶结构，岩石构造有均匀的块状构造，以及定向性明显的板状构造、千枚状构造、片状构造、片麻状构造和条带状构造等。

接触热变质岩的变质作用机制也是变质结晶作用，以温度、静岩压力、流体为主要影响因素，应力的作用则与岩浆就位机制有关。因此，其组构组分为变质矿物（变晶）和矿物集合体，岩石结构为变晶结构。岩石构造则与应力作用的大小和方式，即岩体的就位方式有关：与被动就位岩体相关的接触热变质岩石一般发育块状构造，与主动就位岩体如底辟、气球膨胀侵位岩体相关的岩石通常发育板状构造、千枚状构造、片状构造、片麻状构造和条带状构造等定向构造。因此，接触热变质岩的岩石组构特征与造山区域变质岩的岩石组构特征相近或相同。

断层动力变质岩的变质作用机制为碎裂与形变，主要影响因素为应力作用，基本组构组分是碎斑（残斑）和基质，其中基质又分为碎基、动态或静态重结晶物质，以及部分熔融后再快速冷凝的玻璃质。由碎斑和基质组构组分构成的岩石结构主体为变形结构，包括脆性碎裂结构和韧性糜棱结构两大类，其中韧性变形发育与动态重结晶相关的变晶结构，或与脆性变形局部剪切部分熔融熔体快速冷却相关的碎粒玻璃结构。因碎斑和基质的空间配置不同，可形成块状构造、压扁状构造、流变状构造、眼球状构造、条带状构造、千糜状构造、糜棱片状构造、糜棱片麻状构造等。

混合岩是造山区域变质作用或接触热变质作用进一步发展的产物，其变质作用机制包括变质结晶作用和岩浆结晶作用，其主要影响因素为温度和挥发分流体。按成因考虑，混合岩的组构组分可分为新成体和古成体，分别相当于我国早期从苏联引进的脉体和基体（程裕淇等，1963）。古成体是未受深熔作用改造的原变质岩，新成体为深熔作用新产生的长英质脉体和难熔残余物（Mehnert，1968）。从描述角度来看，新成体中长英质脉体因色浅而被称为浅色体，而难熔残余物铁镁矿物因颜色深而被称为暗色体，古成体颜色因介于浅色体和暗色体之间，也称中色体（Johannes，1983）。浅色体、暗色体与中色体组构组分空间配置的变化可形成网状构造、角砾状构造、肠状构造、条带状构造、条纹状构造、片麻状构造、火焰状构造、雾迷状（星云状）构造等多种混合构造花样。中色体和暗色体的岩石结构总体为变晶结构，浅色体则同时发育变晶结构和岩浆结构。

蚀变交代变质岩是由先存岩石在开放系统中通过物质交换的变质交代作用机制形成的，以富有化学活动性的流体和温度为主要影响因素，其组构组分为被交代矿物和交代矿物两种。交代矿物是指通过变质交代形成的新生变质矿物或矿物组合,而被交代矿物是指原岩(岩浆岩或沉积岩)矿物或先存变质岩的残余矿物。少量交代矿物可在被交代岩石内部或接触边界局部产生各种交代结构,交代矿物集合体内完全由交代矿物组成的岩石结构为变晶结构。交代作用通常导致交代矿物集合体呈不规则形态产出,从而发育斑杂状构造、囊状构造、角砾状构造、浸染状构造等岩石构造,有的还可形成明显的交代矿物带。

不同成因的变质岩类型具有明显不同的组构组分。因此,基于岩石的组构组分为一级分类指标,可以较好地划分出常见变质岩的成因类型和基本岩石名称。以组构组分为一级分类指标,以结构、构造和组构组分的具体组成特征为次一级分类指标的常见变质岩的岩相学分类方案见表1-5。

表1-5 基于组构组分的常见变质岩岩相学分类(陈能松等,2021,有修改)

组构组分	结构类型	构造类型	组构组分成分	岩石名称	成因类型
变晶矿物或变晶矿物组合	变余、隐晶	板状	泥质、粉砂质、砂质、凝灰质变余碎屑,云母、绿泥石、叶腊石等变质矿物和碳质,少量变余斑晶	板岩,斑点板岩或瘤状板岩**	造山区域变质岩和/或接触热变质岩
	鳞片、变余	千枚状	云母、绿泥石、硬绿泥石、叶腊石和与板岩相同的变余物质成分	千枚岩	
	鳞片针柱状	片状	蛇纹石、滑石、菱镁矿、云母、绿泥石、角闪石、Al_2SiO_5多型、硬绿泥石、十字石、方解石、石英、钠长石、帘石等	片岩	
	鳞片柱粒状	片麻状或条带状	主要矿物斜长石、钾长石和石英(长石+石英的含量≥50%,长石的含量≥25%),次要矿物云母、闪石、辉石和Al_2SiO_5多型矿物,或钙硅酸盐矿物等	片麻岩	
	粒状、柱状	块状或弱定向	晕长石、帘石、普通角闪石	绿帘角闪岩*	
			主要矿物钙质斜长石(30%~50%)、普通角闪石或单斜辉石(40%~60%),次要矿物石榴石、黑云母、石英等	斜长角闪岩/斜长辉岩*	
	粒状、柱状、柱粒状		紫苏辉石±单斜辉石+普通角闪石±黑云母的含量为40%~70%;斜长石±钾长石+石英的含量为30%~60%,其中斜长石的含量≥20%,石英的含量<20%	麻粒岩*	
			以石榴石+绿辉石为主,无原生斜长石,可有蓝晶石、蓝闪石、多硅白云母、金红石、石英等	榴辉岩*	
	鳞片柱粒状、粒状		主要矿物石英(>75%),次要矿物长石或云母、闪石和磁铁矿等	石英岩	
			主要矿物方解石、白云石等碳酸盐矿物(≥50%),其他可有橄榄石、辉石、闪石、滑石、钙镁硅酸盐等	大理岩	
	鳞片、粒状、粒柱状或鳞片粒柱状		蛇纹石、滑石、菱镁矿、云母、绿泥石、Al_2SiO_5多型矿物、硬绿泥石、十字石、长石、石英、角闪石、帘石、辉石、方柱石、方解石等	"××"岩*	
	角岩结构		蛇纹石、滑石、菱镁矿、云母、绿泥石、Al_2SiO_5多型矿物、硬绿泥石、十字石、长石、石英、角闪石、帘石、辉石、方柱石、方解石等	角岩**	

续表 1-5

组构组分	结构类型	构造类型	组构组分成分	岩石名称	成因类型
碎斑、基质（碎基、动态重结晶或静态重结晶颗粒）	变形-变晶	碎裂	压扁状	透镜状岩石砾碎块＋少量透镜状或近棱角状岩石质矿物质碎基	构造砾岩	断层动力变质岩
			块状	岩石角砾碎斑＋棱角状岩石和矿物碎基	构造角砾岩	
				棱角状岩石碎块和矿物碎斑；粒径＜2mm 的矿物或岩石碎基	碎裂岩类	
		碎裂、玻璃		碎粉质矿物或岩石碎基＋黑色熔融玻璃	假玄武玻璃	
		糜棱	流变状	眼球状碎斑＋碎基＋动态重结晶矿物（含量＞10%）	糜棱岩类	
	糜棱变晶		千糜状	显微片柱状硅酸盐，基质为显著的静态重结晶矿物条带	千糜岩	
			糜棱片状	云母、闪石、静态重结晶石英或方解石，眼球碎斑偶见	糜棱片岩	
			糜棱片麻状	片、柱状矿物、静态重结晶长石＋石英的含量≥50%，长石的含量≥25%	糜棱片麻岩	
浅色体	变晶-岩浆结晶	总体变晶或岩浆结晶、局部交代	混合构造	浅色体的含量≤20%	混合岩化"××"岩	混合岩
				浅色体的含量为 20%～60%	混合岩	
				浅色体的含量≥60%	混合花岗岩	
蚀变交代矿物、变余或变残矿物	变晶-交代	总体变晶，局部残变或变余和变质交代	块状、不规则状和斑杂状，变余构造	蛇纹石、滑石	蛇纹岩/滑石岩	蚀变交代变质岩
				绿泥石、钠长石、帘石、阳起石	青磐岩	
				白云母、石英、电气石、黄玉、萤石富等挥发分矿物	云英岩	
				石英、绢云母、黄铁矿	黄铁绢英岩	
				石英、绢云母、叶腊石、高岭石、红柱石、蓝线石、石膏等	次生石英岩	
				高岭石、埃洛石、蒙脱石、绢云母、叶腊石、蛋白石、玉髓等	热液黏土岩	
				石榴石、帘石、单斜辉石，方解石和/或白云石的含量≤50%	矽卡岩	

注：造山区域变质岩和接触热变质岩中，* 仅为造山区域变质岩，** 仅为接触热变质岩，其余为两者共有。

基于岩石的组构组分作为一级分类指标，可明确区分出常见变质岩中的断层动力变质岩、混合岩、蚀变交代变质岩，但造山区域变质岩与接触热变质岩因具有相同的组构组分而被归并到一起。然而，接触热变质岩中的定向构造岩石可以据其严格产于岩体周缘的地质产状而区分于造山区域变质岩，另外也可根据因高加热速率而普遍发育十字空晶石或海绵变晶红柱石、堇青石、石榴石、放射状或球状红柱石集合体（称菊花石），或硬绿泥石集合体等组构现象来辅助区分。对于无面理岩石而言，除基于矿物成分划分的大理岩和石英岩以外，其他相同矿物成分的基性、长英质、泥质和泥灰质接触热变质岩与造山区域变质岩可借助前者特有的野外产状（即围绕岩体分布）和特征的角岩结构来区分。

本分类中的"××岩"包括了除绿帘角闪岩、斜长角闪岩、斜长辉岩、麻粒岩、榴辉岩、石英岩、大理岩以外，其余那些难以用结构或构造特征定名，但易于用矿物成分定名的块状构造或弱定向构造的镁质、镁铁质、泥质、长英质和钙-铁-硅质成分的造山区域变质岩。欧洲学者用granofels("粒岩"),北美学者则用rocks("××岩")来表达国内习称的长英质粒岩和钙镁酸盐粒岩。概括起来,本分类中的"××岩"主要有蛇纹岩、辉橄岩、辉岩、角闪岩、绿岩、云母岩、长英(粒)岩、铝硅酸盐(粒)岩、刚玉岩、钙镁酸盐岩等,除刚玉岩外,其他在大类上分别类似于接触热变质的角岩类的镁质角岩、基性角岩、泥质角岩、长英质角岩和钙镁硅质角岩。

绿岩(greenstone)与绿片岩矿物组成,以阳起石、帘石、绿泥石和钠长石为主要矿物成分,但以块状构造或弱定向构造与绿片岩区别。长英质粒岩的长石+石英的含量≥80%,且长石的含量≥25%(卢良兆和许文良,2011)。钙硅酸盐粒岩富含碳酸盐矿物(含量≤50%)和钙铁(铝)硅酸盐矿物,如钙质单斜辉石、钙质角闪石、钙质铝硅酸盐矿物(如帘石、斜长石、方柱石等,矿物含量的总和≥50%)。

近期在一些文献中广泛存在基性麻粒岩、泥质麻粒岩和长英质麻粒岩的称谓。从描述角度考虑,该分类将麻粒岩局限于以变质成因紫苏辉石为主要矿物的基性或镁铁质变质岩,对应岩石主要为紫苏麻粒岩或二辉麻粒岩。在麻粒岩相变质的长英质变质岩和泥质变质岩中,即便有少量变质紫苏辉石,也建议将它归入基于组构组分确定的相应岩石,如二辉斜长片麻岩/粒岩、紫苏斜长片麻岩/粒岩、黑云堇青紫苏二长片麻岩/粒岩等。

各类变质岩石的进一步命名建议遵循以下两个原则。

(1)以矿物名称+基本岩石名称命名,基本岩石名称前的矿物以含量增加为序排列,含量高的矿物靠近基本名称,参与命名矿物数目以不超过4个为宜。按我国使用习惯,基本名称前的矿物之间不用连字符连接,如石榴石绿泥石白云母石英片岩。在不易混淆的前提下可以对个别矿物使用略称,如石榴绿泥白云母石英片岩;如果用英文矿物代号来表示矿物,则可用连字符,如Gt-Ch-Ms-Q schist。

(2)当岩石的变余结构构造保存完好,原岩特征确切无疑时,以"变质(meta-)××岩"、或"角岩化××岩"命名之。其中"××岩"是原岩岩石名称。如变质砾岩(metamorphic conglomerate)、变质长石砂岩(meta-arkose)、变质辉长岩(metagabbro)。对于接触热变质岩,也可称角岩化石英砂岩等。对混合岩化作用不强的变质岩,可命名为"混合岩化××岩","××"指原变质岩部分,如混合岩化斜长角闪岩。

第二章 扬子克拉通黄陵穹隆基底古元古代聚合-伸展岩石构造

第一节 黄陵穹隆北部区域地质研究背景

一、黄陵穹隆北部地质概述

扬子克拉通黄陵穹隆在区域大地构造上位于华南扬子克拉通中北部地区,经历了多期次复杂地质构造演化过程。中新生代以来的持续隆升造就了研究区前南华纪变质基底、新元古代黄陵花岗杂岩,以及南华纪以来连续沉积地层的良好出露,使它成为研究华南基底构造演化和南华纪~显生宙沉积地层最为重要的窗口和经典地区。黄陵穹隆地区因保留了扬子克拉通乃至整个华南地区最古老的太古宙 TTG 片麻岩、古元古代麻粒岩相-榴辉岩相变质岩、中元古代末大洋岩石圈残片、新元古代"雪球地球事件"的古老冰川沉积记录,以及南华纪以来基本完整连续沉积的地层和丰富的化石记录而享誉国际地学界。因此,黄陵穹隆地区一直以来都是研究华南扬子克拉通早前寒武纪大陆地壳生长演化、前寒武纪超大陆(哥伦比亚超大陆、罗迪尼亚超大陆)聚合与裂解、新元古代"雪球地球事件"与全球变化、地球早期生命起源与演化、中~新生代华南陆内挤压隆升与伸展构造作用、新生代气候变化等地球科学前沿问题的热点地区。

黄陵穹隆地区前南华纪基底出露有华南地区最古老的太古宙~古元古代高级变质杂岩,大致以雾渡河大断裂带为界分为南、北两个部分,前人也将这套前寒武纪高级变质杂岩分别称为南崆岭、北崆岭。黄陵穹隆地区前南华纪崆岭群变质杂岩是由李四光和赵亚曾(1924)命名的崆岭片岩演变而来的。近一个世纪以来,关于黄陵地区崆岭群变质杂岩的划分与对比一直存在不同的划分方案(表 2-1)。南崆岭主要由太古宙古村坪岩组 TTG 花岗片麻岩、古元古代小以村岩组变质沉积岩系,以及中~新元古代庙湾蛇绿混杂岩(原庙湾岩组)组成(彭松柏等,2010;Gao et al., 2011;Peng et al., 2012b;Jiang et al., 2016;Deng et al., 2017)。

崆岭群最早由北京地质学院在 1960 年编写的《1∶20 万宜昌西半幅区调报告》中命名,指黄陵穹隆基底南部宜昌西部新元古代花岗岩之外的变质岩系,自下而上划分为古村坪组、小以村组、庙湾组，时代划归前震旦纪。1987年湖北省地质矿产局鄂西地质大队将黄陵新元古代花岗岩北部古老变质岩系命名为水月寺群，自下而上划分为：野马洞组、黄凉河组、周家河组，时代划归新太古代～古元古代；将崆岭群地质实体限于黄陵新元古代花岗岩南部古老变质岩系，自下而上划分为：古村坪组、小以村（小渔村）组、庙湾组，时代划归中元古代。

表 2‑1　黄陵穹隆及邻区前南华纪岩石单元序列划分沿革表

岩石地层序列划分		1	2	3	4	5	6	7	8	9
					震旦系	震旦系	震旦系	南华系	南华系	南华系
元古宇	新元古界	崆岭片岩	庙湾组	上岩组	神农架群	马槽园群 / 孔子河组 / 西汉河组	马槽园群 / 孔子河组 / 庙湾组 / 小渔村组 / 古村坪组	白竹坪火山碎屑岩建造 / 力耳坪岩组	庙湾岩组 / 神农架群	庙湾蛇绿杂岩 / 神农架群
	中元古界		南崆岭群 / 北崆岭群 / 小以村组	中岩组	崆岭群（上中下）	巴山寺片麻杂岩 / 水月寺岩群（力耳坪岩组、黄凉河岩组）	巴山寺片麻杂岩 / 水月寺岩群（力耳坪岩组、黄凉河岩组）		白竹坪岩组 / 晒甲冲花岗片麻岩 / 巴山寺花岗片麻岩 / 力耳坪岩组 / 黄凉河岩组	白竹坪岩组 / 晒甲冲花岗片麻岩（南部：力耳坪岩组） / 巴山寺花岗片麻岩 / 黄凉河岩组 / 小渔村岩组
	古元古界		古村坪组	下岩组	水月寺群	周家河组 / 水月寺群（黄凉河岩组）	水月寺杂岩（黄凉河岩组）	黄凉河岩组		
太古宇	新太古界				野马洞组	东冲河片麻杂岩	东冲河片麻杂岩	晒甲冲片麻岩 / 东冲河片麻岩	东冲河花岗片麻岩	东冲河花岗片麻岩
	中太古界					野马洞组	野马洞岩组	野马洞岩组	野马洞岩组	野马洞岩组（南部：古村坪岩组）

资料来源：1.李四光和赵亚曾（1924）；2.北京地质学院（1960）；3.湖北省地质矿产局（1990）；4.武汉地质调查中心（1986）；5.彭松柏等（2014）；6.本研究，有更新；7.湖北省地质调查院（2005）。

20世纪90年代，湖北省地质矿产局鄂西地质大队及宜昌地质矿产研究所将黄陵新元古代花岗岩北部的水月寺群重新解体为东冲河太古宙片麻杂岩、太古宙野马洞岩组、古元古代黄凉河岩组、中元古代力耳坪岩组。江麟生等（2002）认为原崆岭岩群可与水月寺岩群进行对比，其中古村坪岩组（剔除部分花岗质岩石）可与野马洞组对比。2005年湖北省地质调查院在《1∶25万荆门市幅区域地质调查报告》中提出，野马洞组是一套"绿岩组合"或类似的岩石组合，时代划归中太古代。

湖北省地质调查院在2021年最新出版的《中国区域地质志——湖北志》中，将黄陵穹隆基底新元古代花岗岩之外的变质岩系统划分为中～新太古代花岗质片麻岩组合和表壳岩系，将表壳岩系划分为：中太古代野马洞岩组、古元古代黄凉河岩组、古元古代力耳坪岩组、古元古代白竹坪岩组和中～新元古代庙湾岩组。野马洞岩组为一套弱混合岩化的斜长角闪岩、黑云斜长变粒岩、黑云角闪斜长片麻岩等，多以包体或残留体形式赋存于花岗质片麻岩中。黄凉河岩组为一套"孔兹岩系"岩石组合,主要包括富铝片岩-片麻岩、长英质变粒岩、斜长角闪片麻岩、大理岩和钙镁硅酸盐岩等。力耳坪岩组在空间上与黄凉河岩组相伴出露,主要以斜长角闪岩为主,夹有黑云角闪斜长片岩、黑云角闪斜长变粒岩(片麻岩)、浅粒岩、含榴二云母片岩,部分地段见石英岩及块状硅质岩透镜体或条带。白竹坪岩组为一套变凝灰岩、变流纹岩(或安流岩)、含黄铁矿绢云板岩、含黄铁矿钠长浅粒岩(变酸性凝灰质含砂粉砂岩)和粉砂质板岩等浅变质或未变质的火山碎屑岩组合。庙湾岩组为一套以斜长角闪岩为主夹石英岩和变质超镁铁质岩块的角闪岩相变质岩组合。

北崆岭地区是目前扬子克拉通乃至整个华南已发现的出露面积最大、时代最古老、地质演化最为复杂的前寒武纪变质结晶基底。Han 等(2017)对典型野外地质构造剖面、岩石地球化学、地质年代学的研究表明,北崆岭地区可划分为 3 个主要地质构造单元:①西部微陆块,主要由中太古代 TTG 片麻岩(3.0~2.9Ga)组成(Qiu et al.,2000;Zhang et al.,2006a;Gao et al.,2011;Qiu et al.,2018a);②东部微陆块,主要由新太古代花岗质片麻岩(2.7~2.6Ga,少量的地质年代为 3.45Ga、3.2Ga)组成(Chen et al.,2013;Guo et al.,2014);③中部由变质沉积岩系夹变质镁铁-超镁铁质岩片/岩块组成的古元古代蛇绿混杂岩带(原黄凉河岩组、力耳坪岩组,图 2-1),呈北东向带状展布(Han et al.,2017)。混杂岩带内变质表壳岩系为一套活动大陆边缘沉积组合,与变质镁铁-超镁铁质岩呈构造接触且密切伴生。

近年来,古元古代混杂岩带内陆续发现了约 2.12Ga 俯冲岛弧环境成因的高镁玄武岩、安山岩、约 2.05Ga 的富 Nb 基性岩脉、碰撞造山相关花岗岩类,以及高温/高压麻粒岩($T=830\sim930℃$, $P=0.8\sim1.4Gpa$)(凌文黎等,2000;Ling et al.,2001;Zhang,et al.,2006b;Wu et al.,2009;Yin et al.,2013;Han et al.,2017,2018,2019,2020;邱啸飞等,2017;Liu et al.,2019a,2019b;陈超等,2020;Li et al.,2022)。特别是,低温-高压榴辉岩相变泥质岩($T=560\sim570℃$, $P=1.92\sim2.18Gpa$)的发现(韩庆森等,2020),进一步证实古元古代活动大陆边缘及现代板块俯冲-碰撞造山作用体制的存在。这些新的发现为深入认识太古宙~古元古代崆岭杂岩的成因演化、构造属性和现代板块俯冲构造体制的启动,提供了重要地质构造演化信息。

二、太古宙 TTG 片麻岩

太古宙 TTG 片麻岩主要分布于黄陵穹隆北部变质表壳岩带东、西两侧,且岩性及形成时代存在明显差异(图 2-1)。西部水月寺、东冲河一带以中太古代东冲河 TTG 片麻岩(3.0~2.90Ga)为主(Qiu et al.,2000;Zhang et al.,2006a;Gao et al.,2011),而东部巴山寺、晒甲冲和交战垭一带较为复杂,主体为新太古代巴山寺片麻状花岗杂岩(2.7~2.6Ga)、古元古代晒甲冲片麻状花岗质侵入杂岩(Chen et al.,2013),局部残存有古太古代 TTG 片麻岩(3.45~3.30Ga)(Gao et al.,2011;Guo et al.,2014)。中太古代东冲河 TTG 片麻岩与古元古代变质沉积岩系呈构造接触,在西部东冲河东坪一带可见变质沉积岩系逆冲推覆于 TTG 片麻岩之上[图 2-2(a)]。东冲河中太古代 TTG 片麻岩区中常见少量中太古代斜长角闪岩残留体(3.05~3.0Ga)(魏君奇等,2013)。典型的西部中太古代 TTG 片麻岩及斜长角闪岩(3.0~2.9Ga)、东部新太古代片麻花岗岩(2.7~2.6Ga)野外特征见图 2-2。

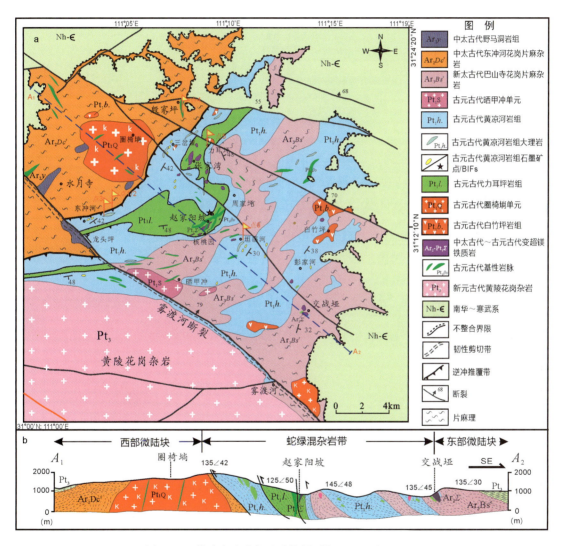

图 2-1 黄陵穹隆北部地质简图(据 Han et al.,2017)

注:(a)黄陵穹隆北部地质简图;(b)图切综合地质剖面 A_1—A_2,东部地块 NW 向逆冲到由变质镁铁-超镁铁质团块及变质沉积岩组成的中部混杂岩带之上,后者又逆冲到西部太古宙 TTG 片麻岩地块之上,以及约 1.85Ga 钾长花岗岩和基性岩脉侵入混杂岩与太古宙~古元古代地质单元。

图 2-2　黄陵穹隆北部太古宙 TTG 片麻岩与变质沉积岩野外典型露头

注:(a)太古宙东冲河 TTG 片麻岩与古元古代变质沉积岩构造接触边界逆冲断层;(b)太古宙东冲河 TTG 片麻岩;(c)太古宙东冲河 TTG 片麻岩接触边界附近强烈变形的古元古代变质沉积岩,构造透镜体指示 SE-NW 向的逆冲剪切变形;(d)黄陵穹隆北部东部普遍发育的新太古代花岗片麻岩。

第二节　黄陵穹隆北部古元古代水月寺蛇绿混杂岩

一、古元古代变质表壳岩系

古元古代变质表壳岩系与透镜状(布丁状)变质镁铁-超镁铁质岩以构造混杂岩形式,呈 NE—NNE 向带状分布于西部中太古代和东部新太古代～古元古代花岗片麻岩地体之间。变质表壳岩系主要岩石类型为:云母石墨片岩、云母片岩、大理岩、条带状磁铁石英岩(BIFs)、夕线石石榴石黑云斜长片麻岩、变质砂岩、变泥质岩、硅质岩等变质沉积岩(图 2-3)。一些研究者认为这套以富铝沉积岩为主体的变质表壳岩系可与典型的孔兹岩系类比(姜继圣,1986;李福喜和聂学武,1987;严溶等,2006)。一般认为孔兹岩系具有较为稳定的沉积环境,且普遍经历高级变质作用改造,是特殊地质过程的产物(翟明国,2022)。

图 2-3 黄陵穹隆北部古元古代混杂岩带变质沉积岩野外照片

注:(a)三岔垭石英岩团块杂乱分布与强变形云母片岩中,显示典型构造混杂岩"基质+岩块"结构特征;(b)三岔垭石墨矿区强烈变形的含石墨云母片岩;(c)雾殷公路龚家河附近条带状石榴石夕线石黑云斜长片麻岩;(d)赵家阳坡变质沉积岩中条带状磁铁矿手标本。

新的研究表明,黄陵北部古元古代变质表壳岩系实际为一套大陆边缘沉积组合,与变质镁铁-超镁铁质岩呈构造接触且密切伴生。其主体沿张家湾-袁家大堡-核桃园-赵家阳坡变质镁铁-超镁铁质岩带两侧分布,构造变形强烈,岩石片理/片麻理产状总体倾向南东,走向由北端的 NNE 向南渐变为 NEE 向,形成向南东突出的弧形构造带。在三岔垭石墨矿区可见强烈变形的石墨云母片岩,弱变形石英岩呈团块状杂乱分布于强变形的云母片岩中,显示出构造混杂岩(blocks in matrix)的典型结构特征[图 2-3(a)]。从殷家坪向南经张家湾—袁家大堡—核桃园至赵家阳坡一线,发育厚层条带状磁铁石英岩[图 2-3(d)]、含石榴石石英岩,原岩可能为含铁硅质岩或含泥质硅质岩。Cen 等(2012)对袁家大堡出露的典型条带状磁铁矿(BIFs)的研究表明,该磁铁矿为洋底热液沉积成因,并经历了约 1990Ma 的麻粒岩相变质作用。

对变质表壳岩岩石地球化学特征、碎屑锆石 U-Pb 年龄频谱、全岩 Nd 和锆石 Hf 同位素示踪的分析研究表明,其主体属于一套形成于活动大陆边缘的碎屑岩-碳酸盐岩-硅质岩-火山沉积岩系,沉积形成时代≤2.1Ga(严溶等,2006;Yin et al.,2013;Li et al.,2016;Qiu et al.,2018b;Liu et al.,2019a,2019b),是古元古代水月寺俯冲-增生混杂岩的重要组成单元(Han et al.,2017)。因此,将它视为稳定沉积环境形成的孔兹岩与现有研究存在较大矛盾。

变质表壳岩发育具有顺时针近等温减压(Isothermal decompression,ITD)变质轨迹的高温-高压麻粒岩($T=830\sim930℃$,$P=0.8\sim1.4GPa$),以及低温-高压榴辉岩相变泥质岩($T=560\sim570℃$,$P=1.92\sim2.18GPa$),变质作用时限集中于 2.02~1.98Ga,并与古元古代哥伦比亚超大陆聚合背景下的碰撞造山事件密切相关(凌文黎等,2000;Ling et al.,2001;Zhang et al.,2006b;Wu et al.,2009;Yin et al.,2013;Li et al.,2016;邱啸飞等,2017;韩庆森等,2020;陈超等,2020)。黄陵穹隆北部基底地区也是目前唯一发现和出露华南早前寒武纪低温-高压变质岩的地区。

二、水月寺蛇绿混杂岩地质特征

水月寺蛇绿混杂岩中变质镁铁-超镁铁质岩主要分布在张家湾—袁家大堡—核桃园—赵家阳坡一带,以及交战垭地区,典型剖面见图 2-4。岩石类型为蛇纹石化方辉橄榄岩、变质橄榄辉石岩、变质辉石岩,以及斜长角闪岩。

交战垭变质超镁铁质岩与变质镁铁质岩在空间上紧密伴生,并呈大小不等的透镜状、似层状构造岩块/岩片夹持于下部巴山寺花岗闪长片麻岩与上部黑云斜长片麻岩/片岩之间,并见有少量晚期侵入变形变质超镁铁质岩的未变形石英二长岩脉[图 2-4(a),图 2-5(a)、(b)]。变质镁铁质岩(斜长角闪岩)主要出露于变质超镁铁质岩体两侧,多呈长 0.5~1m 斜长角闪岩透镜体产出,普遍经历了强烈构造变形变质,并与变质超镁铁质岩呈构造接触关系。变质镁铁-超镁铁质岩与上部围岩黑云斜长片麻岩构造接触带还可见厚 1~2m、以滑石片岩为主的强烈变形构造带。变质超镁铁质岩岩石类型主要为蛇纹石化方辉橄榄岩,次为变质含辉纯橄岩、变质角闪辉石岩等,并常见蛇纹石化、透闪石化和滑石化形成的鳞片状、纤维状蛇纹岩、蛇纹石化辉橄岩、滑石透闪石岩、透闪石岩、滑石片岩[图 2-4(a)]。

张家湾向南延伸至赵家阳坡—核桃园一带的中部变质表壳岩系中普遍发育透镜状变质镁铁-超镁铁质岩岩块/岩片,构成一条总体呈 NNE 向展布的变质镁铁-超镁铁质岩混杂带。张家湾透闪石化橄榄辉石岩呈数百米宽的构造透镜体岩块/岩片产出,透镜体岩块核部呈块状构造,弱变形,边部强变形。在张家湾—犁耳坪一带,变质镁铁质岩呈透镜体或岩片夹于变沉积岩系中。在犁耳坪附近主要出露一套厚层细粒斜长角闪岩、绿帘斜长角闪岩、绿帘角闪(片)岩,偶夹黑云斜长片麻岩条带,斜长角闪岩沿 NE 走向分布稳定,成分变化不大[图 2-4(b)]。斜长角闪岩中常见发育宽 20~50cm 的斜长花岗岩脉,并伴生有薄层状(云母)石英片岩。

张家湾至赵家阳坡—核桃园—袁家大堡一带的透闪石化橄榄辉石岩构造变形强烈,发育条带状构造和指示剪切变形的"S-C"组构[图2-5(c)]。岩石后期变形变质作用明显,主要表现为透闪石化(蛇纹石化)等。斜长角闪岩呈岩块/岩片分布于变质超镁铁质岩两侧,构造变形强烈,与石英闪长片麻岩、变质表壳岩系等呈断层接触关系[图2-4(c)]。

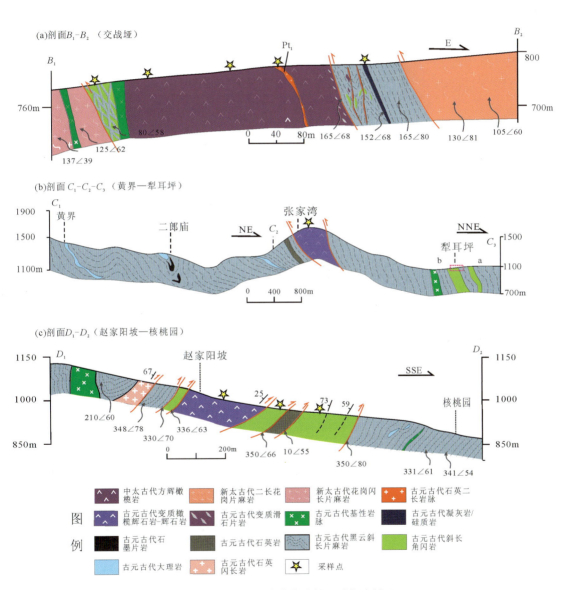

图2-4 黄陵穹隆北部古元古代混杂岩带代表性地质构造剖面(据 Han et al., 2017)

注:(a)交战垭剖面;(b)黄界-犁耳坪剖面;(c)赵家阳坡-核桃园地质剖面。

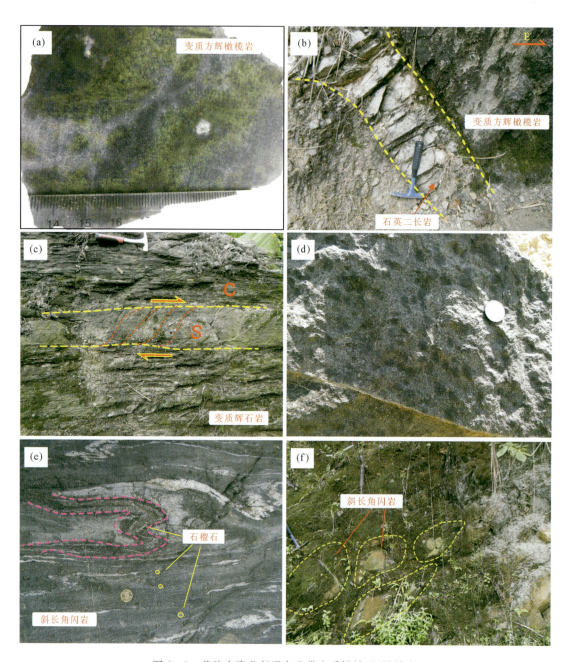

图 2-5 黄陵穹隆北部混杂岩带变质镁铁-超镁铁岩

注:(a)交战垭变质方辉橄榄岩;(b)石英二长岩脉侵入交战垭变质方辉橄榄岩中;(c)赵家阳坡透闪石化辉石岩强烈剪切变形,发育"S-C"组构;(d)张家湾变橄榄辉石岩露头;(e)变质玄武岩与薄层变泥质岩互层强烈变形,形成紧闭褶皱,泥质条带区大量细粒石榴石发育"白眼圈"结构;(f)交战垭斜长角闪岩呈构造透镜体产出。

三、水月寺蛇绿混杂岩岩相学特征

(1)蛇纹石化方辉橄榄岩呈绿色、暗绿色,块状构造、条带状构造,变余粒状结构—变余包橄结构,强蛇纹石化方辉橄榄岩风化面呈灰绿色,抛光面上可见斜方辉石、橄榄石具明显定向排列特征。主要矿物有橄榄石(30%~35%)、斜方辉石(20%~25%)、蛇纹石(35%~40%),暗绿色尖晶石、含铬磁铁矿、磁铁矿、钙铁榴石为常见副矿物。橄榄石呈他形粒状,大多已蚀变为蛇纹石,裂纹发育,粒径一般为2~5mm,杂乱分布,无定向性,属镁橄榄石(Fo=92~93)。此外,尖晶石和斜方辉石中也常见细小浑圆状橄榄石包裹体。斜方辉石呈半自形—他形粒状,具特征性两组解理,粒径一般为3~8mm[图2-6(a)、(b)]。蛇纹石、滑石、绿泥石等蚀变矿物普遍发育,蛇纹石常交代橄榄石呈现网状结构,斜方辉石沿裂理被角闪石(或滑石、绿泥石)等交代。

(2)透闪石化橄榄辉石岩呈暗绿色,块状、似片麻状构造,粒状镶嵌结构。主要矿物为橄榄石(25%~35%)、斜方辉石(5%~10%)、透闪石(45%~50%)、尖晶石(5%~10%)。橄榄石呈他形粒状,粒径为0.2~1mm,电子探针分析显示为贵橄榄石(Fo=82.3~83.0)。透闪石多呈细粒纤柱状,显示弱定向性分布特征[图2-6(c)]。透闪石化辉石岩具条带状构造、纤维柱状变晶结构,主要矿物为透闪石(85%~90%),见少量蛇纹石和绿泥石(5%~8%)等[图2-6(d)]。

(3)变质镁铁质岩(斜长角闪岩):赵家阳坡和交战垭变质辉绿岩呈片麻状、似层状构造,变晶结构,暗色角闪石与浅色长石相间分布显示似层状构造特征。主要矿物为辉石退变形成的角闪石(40%~50%)、斜长石(35%~40%)、绿泥石或绿帘石(8%~10%),可见少量石英(约5%)和磁铁矿(约2%)[图2-6(e)]。犁耳坪斜长角闪片岩(变质玄武岩、变质辉绿岩)构造变形尤为强烈,粒度较小,矿物定向强烈,呈片状构造,具纤维柱状变晶结构[图2-6(f)]。主要矿物成分为角闪石(54%~65%)、斜长石(30%~45%)、石英(约5%)。

四、水月寺蛇绿混杂岩地球化学特征

蛇纹石化方辉橄榄岩具有低硅高镁的特征,$w(SiO_2)$为37.35%~39.12%,$w(MgO)$高达36.00%~37.96%,烧失量(loss on ignition,LOI)因岩石发生蛇纹石化而高达8.96%~12.87%。$w(Mg^\#)$介于87.6%~89.5%之间。$w(Ni)$为$(2.255~2.691)\times10^{-6}$,$w(Cr)$为$(4.289~5.952)\times10^{-6}$。交战垭蛇纹石化方辉橄榄岩稀土元素总量较低[$\Sigma REE=(3.17~7.91)\times10^{-6}$],在REE球粒陨石标准化图解中,显示轻稀土略富集、中—重稀土平坦的配分模式[图2-7(a)]。$(La/Yb)_{cn}=1.67~4.38$,$(La/Sm)_{cn}=1.34~5.07$,$(Gd/Yb)_{cn}=0.83~1.14$,Eu变化较大,既有正异常也有负异常($\delta_{Eu}=0.63~1.93$),轻—重稀土分异较弱,轻稀土较重稀土分异明显。蛇纹石化方辉橄榄岩在微量元素原始地幔标准化蛛网图中,表现出

明显的 Nb 亏损(Nb/Nb* = 0.26～0.49),富集大离子亲石元素(LILE)K、Cs、Th、U、Zr、Hf 显示微弱的正异常[图 2-7(b)]。

图 2-6　黄陵穹隆北部混杂岩带中变质镁铁-超镁铁质岩显微照片

注:(a)蛇纹石化方辉橄榄岩中的橄榄岩沿裂隙发生蛇纹石化(正交偏光);(b)蛇纹石化方辉橄榄岩镜下照片(单偏光);(c)透闪石化橄榄辉石岩(正交偏光);(d)层状/条带状变质辉石岩中具定向排列的透闪石;(e)斜长角闪岩为变晶结构,似层状构造;(f)斜长角闪片岩定向排列斜长石、角闪石。矿物缩写符号:橄榄石=Ol,斜方辉石=Opx,蛇纹石=Ser,透闪石=Tr,角闪石=Amp,斜长石=Pl。

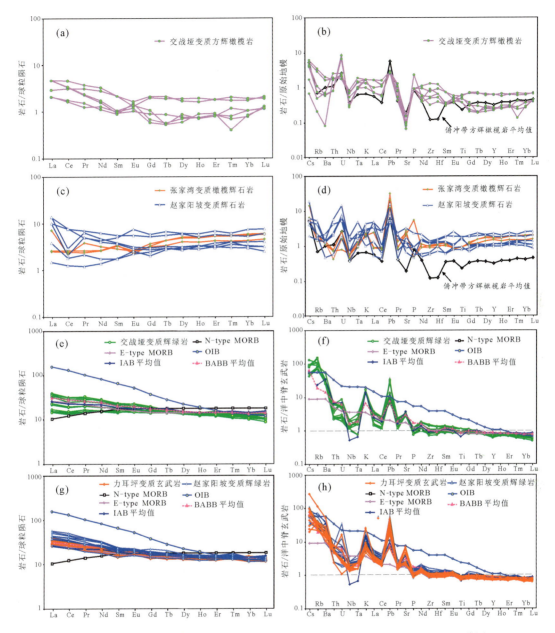

图 2-7 黄陵穹隆北部混杂岩带变质镁铁-超镁铁质岩球粒陨石标准化 REE 配分图、原始地幔和 N-MORB 标准化微量元素蛛网图(据 Han et al.,2017)

注:MORB(mid ocean ridge basalt)表示大洋中脊玄武岩;OIB(ocean island basalt)表示洋岛玄武岩;BABB(back-Arc basin basalt)表示弧后盆地玄武岩。

资料来源:N-MORB、E-MORB、OIB 及原始地幔标准化数据引自 sun 和 Mcdonoagh 的研究(1989);洋岛玄武岩(IAB)数据平均值引自 Elliott 等的研究(1997);弧后盆地玄武岩(BABB)数据引自 Shinjo 等的研究(1999);俯冲带蛇纹石化方辉橄榄岩平均值引自 Deshamps 等的研究(2013)。

张家湾透闪石化橄榄辉石岩的 $w(SiO_2)$ 为 44.5%~46.3%,$w(MgO)$ 为 25.7%~26.4%,烧失量(LOI)为 3.39%~4.52%。在稀土元素球粒陨石标准化图解中,总体具有左倾的配分特征[图 2-7(c)]。$(La/Yb)_{cn}=0.45~1.71$,$(La/Sm)_{cn}=0.77~2.46$,$(Gd/Yb)_{cn}=0.57~0.76$,Eu 负异常($\delta_{Eu}=0.69~0.85$)。在微量元素原始地幔标准化蛛网图中,表现出明显的 Nb 亏损($Nb/Nb^*=0.39~0.73$),富集大离子亲石元素 K、Cs、Th、U、Zr、Hf 显示微弱的负异常[图 2-7(d)]。

赵家阳坡透闪石化辉石岩中 $w(SiO_2)$ 为 40.60%~48.09%,$w(MgO)$ 为 20.22%~27.51%,烧失量(LOI)为 3.22%~7.46%。在稀土元素球粒陨石标准化图解中,轻稀土表现为弱亏损—弱富集[图 2-7(c)]。$(La/Yb)_{cn}=0.38~3.40$,$(La/Sm)_{cn}=0.84~3.67$,$(Gd/Yb)_{cn}=0.52~1.00$,弱负—弱正 Eu 异常($\delta_{Eu}=0.90~1.37$)。在微量元素原始地幔标准化蛛网图中,表现为明显的 Nb 亏损($Nb/Nb^*=0.22~0.70$),Sr 负—正异常($Sr/Sr^*=0.35~3.86$),富集大离子亲石元素 K、Cs、Th、U、Zr、Hf 显示弱负异常[图 2-7(d)]。

斜长角闪岩(变质玄武岩、变质辉绿岩)中 $w(SiO_2)$ 为 46.83%~52.60%,$w(TiO_2)$ 为 0.88%~1.39%,$w(MgO)$ 为 5.06%~7.81%,$w(Mg^\#)$ 为 40.6%~53.0%,TFeO/MgO 值为 1.59~2.63,Na_2O/K_2O 为 1.37~8.85,均属于低钾拉斑玄武岩系列。无论是交战垭变辉绿岩,还是犁耳坪变质玄武岩、赵家阳坡变质辉绿岩,均具有略富集大离子亲石元素(LILE)和轻稀土元素(LREE),亏损高场强元素(HISF)(Nb、Ta 明显亏损,Ti、Zr、Hf 弱亏损)俯冲带岛弧构造环境基性岩浆岩的典型特征。在 Ti-V、$Nb*2-Zr/4-Y$ 成因环境判别图解中,斜长角闪岩(变质玄武岩、变质辉绿岩)均落在大洋中脊玄武岩(mid ocean ridge basalt,MORB)与岛弧拉斑玄武岩(Island arc. basalt,IAT)过渡区或重叠区,呈现出岛弧拉斑玄武岩与大洋中脊玄武岩过渡的特征[图 2-8(a)、(b)]。在 Ta/Yb-Th/Yb 图中,落在大洋岛弧与岛弧拉斑玄武岩区[图 2-8(c)]。在 Th/Yb-Nb/Yb 图中,落在 N-MORB 和 E-MORB 过渡区,表明有俯冲壳源组分或流体的加入[图 2-8(d)],并显示出由 E-MORB 向全球俯冲带沉积物平均值(global subducting sediment,GLOSS)渐变过渡的趋势,这与原始大洋地幔源区受俯冲作用流体加入影响后的结果是一致的,表明斜长角闪岩的原岩形成于俯冲带之上(supra-subduction zone,SSZ)构造环境。

五、水月寺蛇绿混杂岩同位素年代学特征

黄陵穹隆北部水月寺蛇绿混杂岩锆石 LA-ICP-MS U-Pb 测年研究表明,斜长角闪岩中锆石成岩年龄介于 2151~2122Ma 之间,变质年龄均介于 2048~1968Ma 之间,岩浆锆石核部 $\varepsilon_{Hf}(t)$ 介于+5.35~+10.26(平均+7.2)之间,T_{DM1} 一阶段模式年龄约为 2.24Ga,而变质橄榄辉石岩、变质辉石岩,以及蛇纹石化方辉橄榄岩中锆石变质年龄介于 2032~1954Ma 之间,少量锆石核部年龄约为 2150Ma(Han et al.,2017)。详见表 2-2。

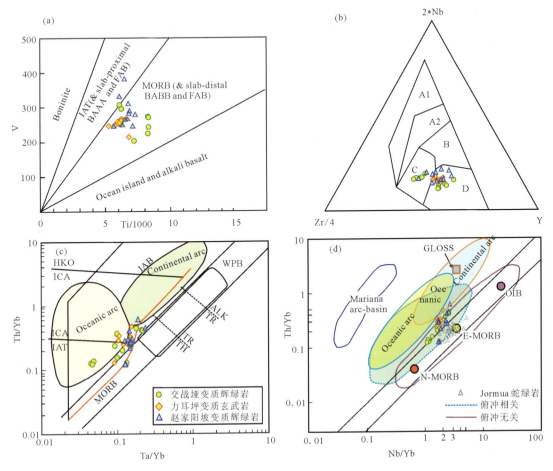

图 2-8 变镁铁质岩微量元素构造环境判别图解(据 Han et al., 2017)

注:(a)Ti-V 图解(据 Shervais,1982);(b)Zr-Nb-Y(据 Meschede,1986)(A1=板内碱性玄武岩;A2=板内碱性玄武岩和拉斑玄武岩区;B=富集型大洋中脊玄武岩,即 E-MORB;C=板内拉斑玄武岩区和岛弧玄武岩;D=正常型大洋中脊玄武岩,即 N-MORB 和岛弧玄武岩);(c)Ta/Yb-Th/Yb 图解(据 Pearce,1982);(d)Th/Yb-Nb/Yb 图解(据 Pearce,2008;Dilek et al.,2011)。

(资料来源:E-MORB、N-MORB、OIB 数据引自 Sun 等于 1989 年发表的论文,GLOSS(全球俯冲带沉积物平均值)引自 Plank 等于 1998 年发表的论文,Jormua 蛇绿岩样品数据引自 Peltonen 等于 1996 年发表的论文。)

表 2-2 黄陵穹隆古元古代蛇绿混杂岩带代表性岩石锆石 LA-ICP-MS U-Pb 年代学数据

岩性	编号	成因	年龄/Ma	参考文献
变泥质岩	KH12	变质锆石	1948±45	Zhang et al.,2006b
变泥质岩	KH38	变质锆石	1979±22	
斜长角闪岩	KH35	变质锆石	1943±44	

续表 2-2

岩性	编号	成因	年龄/Ma	参考文献
变泥质岩	06HL21	变质锆石	2003±10	Wu et al., 2009
石榴石斜长角闪岩	06HL30	变质锆石	2015±9	
条带状磁铁矿	F5N	变质锆石	1990±14	Cen et al., 2012
石榴夕线片麻岩	11YC02-8	锆石岩浆核与变质边	2131～2198（核部） 2001±5（边部）	
高压基性麻粒岩	11YC01-6	变质锆石	2009±7	
橄榄透辉大理岩	11YC05-7	变质锆石	2001±5	Yin et al., 2013
夕线石榴片麻岩	11YC02-2	变质锆石	2000±7	
石榴夕线片麻岩	11YC02-11	变质锆石	2003±5	
含榴花岗岩	11YC06-1	岩浆锆石	2002±9	
变沉积岩	11WD09	锆石岩浆核与变质边	2153±28（核部） 2015±28（边部）	
变沉积岩	11WD10	锆石岩浆核与变质边	2164±33（核部） 1983±16（边部）	Li et al., 2016
变沉积岩	11WD43	变质锆石	1990±22	
榴线英岩	LLG-Zr	变质锆石	1964±12	邱啸飞等, 2017
石榴石黑云斜长片麻岩	15KL01-2	锆石岩浆核与变质边	2286～3532（核部） 2026±20（边部）	
石榴石夕线堇青黑云斜长片麻岩	15KL11-1	变质锆石	2006±18	
石榴石夕线石黑云斜长片麻岩	15KL13-4	锆石岩浆核与变质边	2176±33（核部） 2028±43（边部）	Liu et al., 2019a, 2019b
高压基性麻粒岩	15KL1-8	变质锆石	1970±13	
高压基性麻粒岩	15KL2-2	变质锆石	1995±16	
长英质麻粒岩	17PJW-1	锆石岩浆核与变质边	2945±18（核部） 2012±26（边部）	
高压榴辉岩相变泥质岩	13QL-04-2	锆石岩浆核与变质边	2100～2816（核部） 1991±20（边部）	韩庆森等, 2020
高压基性麻粒岩	19KL-2-3	锆石岩浆核与变质边	2058±15（核部） 2002±14（边部）	Li et al., 2022
高压基性麻粒岩	19KL-2-6	锆石岩浆核与变质边	2048±29（核部） 1997±15（边部）	

续表 2-2

岩性	编号	成因	年龄/Ma	参考文献
变质方辉橄榄岩	J1	锆石岩浆核与变质边	约 2150（核部） 2028±18（边部）	Han et al.,2017
	14JZY-04	锆石岩浆核与变质边	约 2150（核部） 2032±20（边部）	
斜长角闪岩	J2	锆石岩浆核与变质边	2151±20（核部） 2048±16（边部）	
	14JZY-08	锆石岩浆核与变质边	2145±20（核部） 2043±15（边部）	
	XP1801	锆石岩浆核与变质边	2122±26（核部） 2034±17（边部）	Zhou et al.,2021
	XP21	锆石岩浆核与变质边	2125±42（核部） 2022±34（边部）	
变质橄榄岩	H4	变质锆石	1936±12	Wei et al.,2020
变质辉石岩	H19	变质锆石	2021±14	
变质橄榄辉石岩	17ZJW-02	变质锆石	2006±21	Peng et al.,2023①
变质辉石岩	F1	变质锆石	1954±15	Han et al.,2017
变质辉石岩	13ZJ-05	变质锆石	1962±20	
斜长角闪岩	14ZJ-01-2	变质锆石	1992±17	
	F4	变质锆石	2002±12	
	14LE-15	变质锆石	1968±14	
变质橄榄岩	H4	变质锆石	1936±12	Wei et al.,2020
变质辉石岩	H19	变质锆石	2021±14	
变质橄榄辉石岩	17ZJW-02	变质锆石	2006±21	Peng et al.,2023①
变质高镁安山岩	13SC-04	岩浆锆石	2124±44	Han et al.,2018
	14SY-01	岩浆锆石	2123±15	Han et al.,2018
石英二长岩	13JZ-04	岩浆锆石	1999±10	Han et al.,2019
花岗闪长片麻岩	HL013-1	锆石岩浆核与变质边	约 2874±35（核部） 2037±26（边部）	陈超等,2020
钾长花岗片麻岩	HL013-2	锆石岩浆核与变质边	约 2874±35（核部） 2037±26（边部）	陈超等,2020

① Peng H T,Deng H,Han Q S,et al.,2023. Genesis and Source Affinities of Heterogeneous Ultramafic Rocks in the North Kongling Complex,Yangtze Craton：Architecture of a Paleoproterozoic accretionary orogen［J］. Geological Society of America Bulletin,published online. https：//doi.org/10.1130/B36649.1.

此外,侵入变形变质蛇纹石化方辉橄榄岩中未变形石英二长岩岩脉成岩年龄为1999±10Ma,约束了变质镁铁-超镁铁质岩构造侵位的时代。上述结果表明,黄陵北部变质镁铁-超镁铁质杂岩主体为形成于古元古代俯冲带之上构造环境的蛇绿岩残片(约2.15Ga)。

然而,交战垭蛇纹石化方辉橄榄岩的^{147}Sm/^{143}Nd比值介于0.142 0和0.161 3之间,^{143}Nd/^{144}Nd比值介于0.511 700和0.511 969之间,对应的$\varepsilon_{Nd}(t)$值介于$-4.0 \sim -3.7$之间,一阶段亏损地幔Nd模式年龄(t_{DM1})为3.06~3.41Ga,二阶段亏损地幔Nd模式年龄(t_{DM2})为2.78~2.81Ga。Sm-Nd等时线年龄约为2.04Ga。全岩具极低的Re含量,Re-Os同位素获得的Re亏损模式年龄约为2.82Ga,表明它源于难熔的中太古代晚期(约2.82Ga)大陆弧岩石圈地幔。锆石U-Pb和全岩Sm-Nd同位素年代结果均显示交代年龄为2.04Ga,交代介质为俯冲板片沉积物衍生的熔体。蛇纹石化方辉橄榄岩的演化历史研究表明,中太古代晚期可能是扬子克拉通以崆岭杂岩为代表的太古宙陆核岩石圈地幔形成的重要时期,在古元古代哥伦比亚超大陆汇聚期间,板块俯冲作用伴随的熔/流体交代再富集作用在一定程度上改造了扬子克拉通太古宙难熔的岩石圈地幔。

张家湾和赵家阳坡变质橄榄辉石岩、变质辉石岩全岩均具正$\varepsilon_{Nd}(t)$值($+2.0 \sim +6.6$),其Sm-Nd等时线年龄(约2.24Ga)与混杂岩中变基性岩锆石Hf同位素模式年龄一致,指示它们源于古元古代亏损地幔源区。因此,水月寺混杂岩带内的变质橄榄辉石岩、变质辉石岩,以及与其伴生的变基性岩(斜长角闪岩)形成于相同大地构造背景,且来源于相同的亏损地幔源区,这些岩石共同组成了古元古代俯冲带之上大洋岩石圈的一部分。但水月寺蛇绿混杂岩中的交战垭蛇纹石化方辉橄榄岩与张家湾和赵家阳坡变质橄榄辉石岩来源于明显不同的地幔源区,这指示水月寺蛇绿混杂岩中的变超镁铁质岩具有多源性。

六、黄陵穹隆北部古元古代构造演化

黄陵穹隆基底北部的古元古代洋壳俯冲起始时间介于2.20~2.15Ga之间(Li et al.,2016;Qiu et al.,2018b;Liu et al.,2019b)。水月寺混杂岩带内来源于亏损地幔源区的蛇纹石化纯橄岩、变质橄榄辉石岩、变质玄武岩、变质辉绿岩等组成了形成于约2.15Ga俯冲带之上的大洋岩石圈(Han et al.,2017;Zhou et al.,2021)(图2-9)。

随着古元古代板块俯冲作用的持续进行,俯冲板片沉积物衍生出的熔体交代上覆地幔楔,使地幔楔发生部分熔融,形成了水月寺混杂岩带中约2.12Ga的具有富集同位素特征的以高镁玄武岩-安山岩-闪长岩为代表的岛弧岩浆岩(Han et al.,2018;Han and Peng,2020)。在此期间,来自上覆板片和俯冲板片的物质不断在弧前增生形成增生楔,并且一部分随着俯冲板片进入俯冲隧道。随着洋壳俯冲的持续进行,大洋岩石圈后方的大陆岩石圈地幔楔受到俯冲板片持续释放的熔/流体交代,交战垭蛇纹石化方辉橄榄岩中的交代锆石和全岩Sm-Nd误差等时线获得的约2.04Ga年龄记录了这一时期与俯冲有关的交代富集作用。在此过程中,大陆岩石圈地幔楔被弱化,以交战垭蛇纹石化方辉橄榄岩为代表的交代大

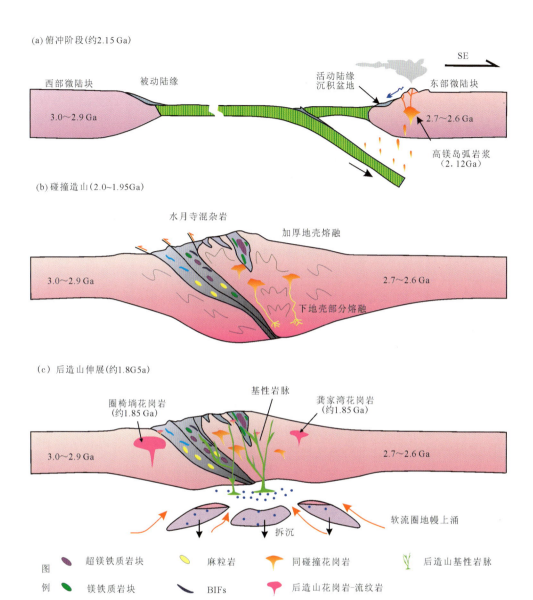

图 2-9 扬子克拉通黄陵穹隆北部古元古代俯冲-碰撞造山构造演化模式简图（据 Han et al.，2017）

注：(a)约 2.15Ga，黄陵穹隆北部东、西微陆块之间存在持续向南东俯冲的洋盆，东侧活动大陆边缘发育 2.12Ga 左右的岛弧岩浆（高镁玄武岩-安山岩），风化剥蚀-近缘沉积，同时在活动大陆边缘弧前盆地形成一套陆源碎屑-碳酸盐岩-硅质岩沉积建造。(b)2.0~1.95Ga，古元古代洋盆闭合，洋壳残片与变沉积岩一同被卷入碰撞造山带中，形成一套古元古代俯冲-增生杂岩——水月寺蛇绿混杂岩。东、西微陆块发生碰撞拼合，造成地壳加厚，产生角闪岩-麻粒岩相高级变质作用和加厚下地壳物质部分熔融，形成距今 2.0~1.95Ga 的深熔型花岗岩类。(c)约 1.85Ga，造山后伸展作用加强，岩石圈减薄，引起造山带根部垮塌及软流圈地幔上涌，造山带之下被交代的岩石圈地幔发生部分熔融，形成大量的基性岩浆，同时来源于地幔的熔体、流体为下地壳传递了额外的热能，诱导古老的长英质下地壳物质再次部分熔融，形成广泛分布的 A 型花岗岩浆。

陆岩石圈地幔楔碎片被俯冲板片刮削进入俯冲隧道。

古元古代中期(2.0~1.95Ga)洋盆闭合,俯冲带之上的洋壳残片、变沉积岩以及来自上覆板片大陆岩石圈地幔楔物质被一同卷入碰撞造山带之中,形成古元古代水月寺混杂岩带。变橄榄辉石岩中变质锆石获得的约2.0Ga变质年龄与前人研究的北崆岭地区角闪岩相-麻粒岩相变质作用时代一致,这是古元古代东部与西部微陆块俯冲-碰撞造山变质作用事件的记录(Ling et al.,2001;Zhang et al.,2006b;Wu et al.,2009;Cen et al.,2012;Yin et al.,2013;邱啸飞等,2017;Liu et al.,2019b;Han et al.,2017;韩庆森等,2020;陈超等,2020)。

最后,在古元古代晚期(1.88~1.83Ga),碰撞造山后发生俯冲板片断、岩石圈伸展减薄,引起造山带根部垮塌、拆沉和软流圈上涌,岩石圈地幔发生部分熔融形成大量基性岩浆,表现为北崆岭基性岩墙、岩脉的侵入(Peng et al.,2009)。同时,软流圈上涌带来的热源诱发了古老长英质下地壳的再次熔融,形成了广泛分布于北崆岭的A型花岗岩、流纹斑岩和基性岩墙、岩脉(熊庆等,2008;Xiong et al.,2009;Han et al.,2019;Li et al.,2020)。至此,完整的古元古代俯冲-增生碰撞造山作用结束。

第三节　黄陵穹隆基底北部古元古代水月寺蛇绿混杂岩地质观察路线

黄陵穹隆基底北部古元古代水月寺蛇绿混杂岩带(主体为原水月寺变质表壳岩系)呈NE-NNE向展布于黄陵穹隆北部基底太古宙TTG片麻岩内,典型地质构造剖面露头位于赵家阳坡—核桃园—袁家大堡、张家湾—犁耳坪以及东冲河等地区。鉴于路线交通和露头等情况,本次实习重点选择了水月寺蛇绿混杂岩带东冲河地质观察路线和水月寺蛇绿混杂岩殷家坪—犁耳坪—龚家河地质观察路线。由于实习路线距实习基地路程较远,因此可根据教学学习要求,选择地质路线部分地段进行实习教学。

路线一　古元古代水月寺蛇绿混杂岩带东冲河地质观察路线

教学内容与要求

(1)介绍扬子克拉通黄陵穹隆基底组成、形成演化、地质意义。
(2)观察描述太古宙东冲河TTG片麻岩及暗色包体岩性、地质特征。
(3)观察描述古元古代基性岩脉(墙)与太古宙TTG片麻岩侵入接触关系及地质特征。
(4)观察描述古元古代构造混杂岩带古元古代变沉积岩系与太古宙TTG片麻岩构造接触带变质变形特征。

点位 1　太古宙英云闪长-奥长花岗-花岗闪长质片麻岩(TTG)地质观察点

该点位于水月寺镇东坪前往新成石墨矿采矿区水泥盘山公路途中(图2-10),出露良好,是太古宙TTG片麻岩岩性及地质特征观察点。

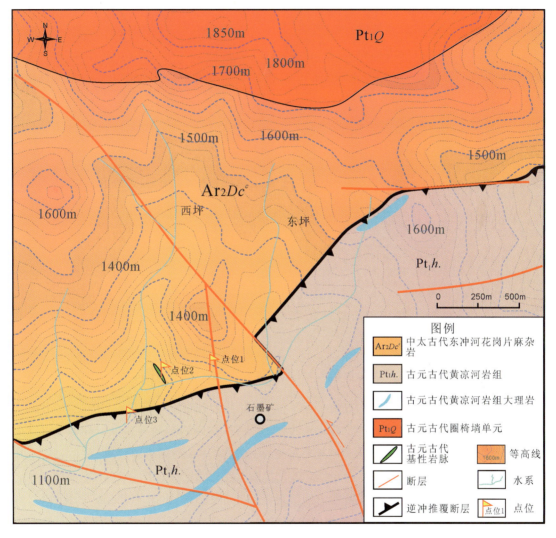

图2-10　东冲河地区地质简图

(资料来源:鄂西地质大队1∶5万区域地质调查报告)

该点出露西部微陆块中太古宙东冲河TTG片麻岩,主要岩性为英云闪长质片麻岩-奥长花岗质片麻岩和花岗闪长质片麻岩(图2-11)。岩体中暗色包体发育,主要有两类:一类为闪长质、角闪岩质包体,一般呈棱角状、条带状、长条状、球状、角砾状等,与寄主岩东冲河TTG片麻岩具有较清楚的界限[图2-11(b)];另一类,规模不大,与寄主岩石边界部分清楚,部分呈过渡关系,或为部分熔融残留体。该套岩石遭受后期混合岩化作用形成钾长花岗质岩脉,并常被后期长英质脉体侵入。通过观察该点,我们可以简单了解 TTG 片麻岩的基本概念、成因及地质研究意义。

图 2-11 东冲河太古宙 TTG 片麻岩

注:(a)灰白色条带状英云闪长片麻岩;(b)混合岩化英云闪长片麻岩被浅色花岗质岩脉切穿。

前人通过对东冲河地区 TTG 片麻岩及暗色包体进行研究,获得的 TTG 片麻岩形成时代为 2.85~2.95Ga(Qiu et al.,2000;Zhang et al.,2006a,2006b;Guo et al.,2014),呈透镜体赋存于 TTG 片麻岩中的暗色包体斜长角闪岩(野马洞岩组)的形成时代约为 3.0Ga(魏君奇和景明明,2013)。

 点位 2 古元古代正长花岗岩(钾长花岗岩)-辉绿岩岩墙地质观察点

该点位于东坪新成石墨矿区盘山公路沿 TTG 片麻岩观察点下行途中(图 2-10),露头良好,是晚期辉绿岩脉(岩墙)、钾长花岗岩脉侵入 TTG 片麻岩地质观察点。在该点可见太古宙东冲河 TTG 片麻岩被多条典型晚期辉绿岩墙(岩脉)、钾长花岗岩脉侵入(图 2-12)。在区域上对同期基性岩脉产状进行统计后可知,其走向主要有两组:NE40°~50°、NW320°~340°。

根据彭敏等(2009)确定的雾渡河—殷家坪公路(雾段公路)出露的未变形基性岩脉(岩墙)的 ICP-MS 锆石 U-Pb 同位素测年结果(约 1.85Ga),结合黄陵基底北部广泛分布的古元古代基性岩墙(岩脉)(1.89~1.85Ga)和 A 型花岗岩-流纹岩"双峰"岩浆作用事件,以及这套岩浆岩未遭受后期透入性挤压构造变形改造的基本地质特征,推测该点出露的基性岩墙(岩脉)形成时代约 1.85Ga,是古元古代晚期造山后阶段岩石圈伸展构造环境形成的标志性岩石记录(Xiong et al.,2009;Peng et al.,2009,2012;Han et al.,2019;Guo et al.,2014)。

在该观察点处沿通往圈椅埫采石场的水泥公路向北前行约 2km 的地方,出露有本区面积最大、具有特征性红色的古元古代圈椅埫钾长花岗岩体,圈椅埫钾长花岗岩体在花岗岩建材市场上也被称为"三峡红"花岗岩。该岩体呈近等轴状岩株产出,主要由中粗粒似斑状钾

图 2-12 古元古代辉绿岩脉侵入太古宙 TTG 片麻岩

注:(a)东坪矿区盘山路转弯处宽约 5m 的辉绿岩脉侵入太古宙 TTG 片麻岩;(b)雾殷公路辉绿岩脉分别沿两组节理(70°∠69°,155°∠60°)侵入 TTG 片麻岩。

长花岗岩组成。岩石呈砖红色,主要矿物为碱性长石(60%~70%)、石英(20%~25%),见黑云母及少量斜长石。关于岩石地球化学特征的研究表明,圈椅埫钾长花岗岩属典型铝质 A 型花岗岩。锆石 U-Pb 定年获得的成岩年龄约为 1.85Ga,较负的 Hf 同位素特征和较老的 Hf 两阶段模式年龄(3.6~3.8Ga)指示其物源为古老太古宙地壳物质,表明它应属古元古代造山后伸展环境太古宙 TTG 片麻岩部分熔融的产物(Peng et al.,2012b)。

此外,Han 等(2019)在黄陵穹隆基底的不同地点也发现了与圈椅埫钾长花岗岩同期的后造山 A 型花岗岩及对应的火山岩-次火山岩,包括在黄陵北部三岔垭、白竹坪等地出露的古元古代酸性火山-次火山岩系(流纹质凝灰岩-流纹岩-流纹斑岩)、雾渡河镇附近出露的龚家湾古元古代钾长花岗岩,以及黄陵穹隆基底南部茅垭古元古代花岗闪长片麻岩。野外照片及显微特征见图 2-13。

点位 3　古元古代水月寺混杂岩带东冲河地质观察点(段)

该点位于水月寺镇东坪前往新成石墨采矿区盘山公路第一个"之"字形大拐弯处(图 2-10),露头良好,是古元古代水月寺混杂岩带东冲河观察点(段)。

该观察点(段)北侧为太古宙东冲河 TTG 片麻岩,南侧出露一套古元古代变沉积岩系(原黄凉河岩组),两者之间呈断层接触,古元古代变沉积岩系由南向北逆冲推覆在太古宙东冲河 TTG 片麻岩之上。变沉积岩系呈似层状、透镜状,NEE 走向,主要岩性为含石墨石榴石黑云斜长片麻岩、斜长角闪岩、黑云母石英片岩、长英质片麻岩、橄榄大理岩等,经历了强烈构造变形变质,片理/片麻理发育,并可见能干性强的花岗岩、大理岩呈透镜状岩片、岩块,夹于能干性较弱的含石墨石榴石黑云斜长片麻岩、黑云母石英片岩中,整体呈现出构造混杂岩带"基质+岩块"的构造变形特征(图 2-14)。推测其原岩为一套大陆边缘富铝碎屑岩-碳酸盐岩组成的沉积岩系,经历了古元古代俯冲-碰撞造山作用的变形变质强烈改造。

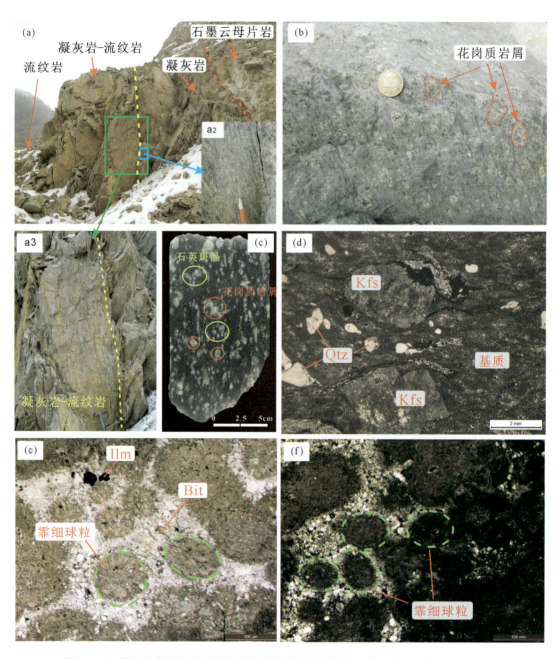

图 2-13 黄陵穹隆核部古元古代流纹岩野外露头及镜下显微照片(据 Han et al.,2019)

注:(a)三岔垭凝灰岩-流纹岩与围岩云母石墨片岩接触关系;(b)流纹斑岩中的花岗质岩屑显现弱流动构造特征;(c)白竹坪流纹岩-流纹斑岩手标本(抛光面);(d)流纹岩中的原生流纹构造,基质绕过大的斑晶(或岩屑);(e)、(f)流纹岩特征的霏细结构-球粒结构。矿物缩写符号:Bit=黑云母;Ilm=钛铁矿;Kfs=钾长石;Qtz=石英。

扬子克拉通黄陵穹隆基底古元古代聚合-伸展岩石构造 **第二章**

图 2-14 东冲河古元古代沉积岩系

注：(a)东冲河古元古代变沉积岩系野外照片（该露头现已被新建石墨厂遮挡）；(b)石墨矿标本；(c)含石墨云母石英片岩中的紫红色石榴石变斑晶。

路线二　古元古代水月寺蛇绿混杂岩殷家坪—犁耳坪—龚家河地质观察路线

教学内容与要求

(1) 介绍古元古代水月寺构造混杂岩基本特征及地质意义。
(2) 观察描述殷家坪变质辉长-辉绿岩体矿物组成、结构构造特征。
(3) 观察描述犁耳坪剖面中斜长角闪岩、变沉积岩、花岗岩（脉）构造混杂、变形变质特征。
(4) 观察描述高压麻粒岩相变质岩变质矿物组成、结构构造地质特征。

— 53 —

点位 4　古元古代变质辉长-辉绿岩杂岩体地质观察点

该点位于雾殷公路殷家坪南侧加油站(图 2-10),露头良好,是古元古代变质辉长-辉绿岩岩体观察点。该杂岩体呈长条形,长轴方向近 SN,长约 750m,宽约 100m,其主要岩性为变质辉长-辉绿岩(图 2-15)。

图 2-15　雾殷公路殷家坪古元古代变质辉长-辉绿岩

变质辉长-辉绿岩呈深绿色,辉长-辉绿结构,块状构造,边缘有弱变形。Han 和 Peng(2020)利用变质辉长岩中锆石 U-Pb 定年获得 2027±17Ma 的成岩年龄,地球化学特征显示变质辉长岩具有富 Nb 基性岩特征,推测它起源于弧下岩石圈地幔,是黄陵穹隆北部古元古代俯冲构造体系下,俯冲板片断离造成受交代弧下岩石圈地幔部分熔融的产物。Qiu 等(2020)利用变质辉绿岩中斜锆石 U-Pb 定年获得 1866±21Ma 的成岩年龄,岩石地球化学及同位素特征显示,变质辉绿岩形成于受交代的陆下岩石圈地幔,是伸展构造构造背景下的产物。

点位 5　古元古代水月寺蛇绿混杂岩带犁耳坪地质观察点(段)

该点(段)位于犁耳坪村委会对面雾殷公路 30km 标牌处(图 2-10),露头良好,是古元古代水月寺蛇绿混杂岩观察点(段)。

该点(段)地质构造剖面长约 100m,这套岩石单元组合主体为原力耳坪岩组,主要为一套细粒斜长角闪岩(变质辉绿岩-玄武岩),夹宽约 20m 的变沉积岩云母石英片岩(原岩可能为岩屑石英砂岩)、3 个宽 1～4m 的粗粒斜长角闪岩岩块(变质辉长-辉绿岩),并且还不均匀分布有大量斜长花岗质岩脉/岩块,这些岩脉/岩块大小不一,出露宽度从几厘米至数米不等,呈无根细脉、侵入体构造,或呈构造透镜体、构造岩片产出(图 2-16、图 2-17)。岩块与岩片之间呈断层接触。该点(段)地质构造剖面岩石构造单元面理总体倾向 NW(320°～350°),倾角大多在 75°以上,近直立产出。

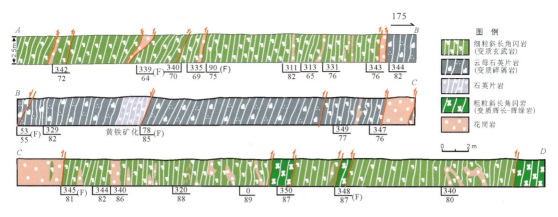

图 2-16 黄陵穹隆北部古元古代水月寺混杂岩犁耳坪地质剖面图(据陈超等,2022,有修改)

图 2-17 犁耳坪剖面野外岩石

注:(a)细粒斜长角闪岩(变质年龄 2028Ma);(b)斜长花岗岩(侵位年龄 2002Ma)

该点(段)地质构造剖面中的粗粒斜长角闪岩(变质辉长岩)和中细粒斜长花岗岩年代学的研究结果如下。

(1)粗粒斜长角闪岩(变质辉长岩)。大部分锆石呈现冷杉状或弱分带的变质锆石特征,少部分锆石呈现出典型核-边结构,锆石核部具有明显岩浆成因环带特征,边部为无环带变质锆石。从 18 个变质锆石点得到的不一致线上交点年龄为 2028±12Ma(MSWD=1.2)。1 颗岩浆锆石获得 ^{207}Pb/^{206}Pb 年龄为 2167±34Ma,其边部的 ^{207}Pb/^{206}Pb 变质年龄为 2031±22Ma。尽管只获得 1 颗锆石岩浆核的年龄,但可以推测变质辉长岩可能形成于 2.1Ga 左右,之后于 2.03Ga 遭受构造变形变质。

(2)中细粒斜长花岗岩。锆石 CL(cathodoluminescence)显示明显的岩浆震荡环带和低冷光特征,具有较高的 Th 和 U 含量[(0.242~1.436)×10^{-6}、(0.442~3.597)×10^{-6}]和较高的 Th/U 比值(>0.3),属典型岩浆锆石特征。17 个有效分析点均为岩浆锆石分析点,其中从 14 个测试点上得到上交点年龄为 2002±16Ma(MSWD=1.5)。

点位 6　古元古代高压变质麻粒岩-花岗片麻岩观察点

该地质观察点位于雾殷公路坦荡河龚家河段（图2-10），露头良好，是古元古代蛇绿混杂岩带典型高温/高压麻粒岩观察点（图2-18、图2-19）。

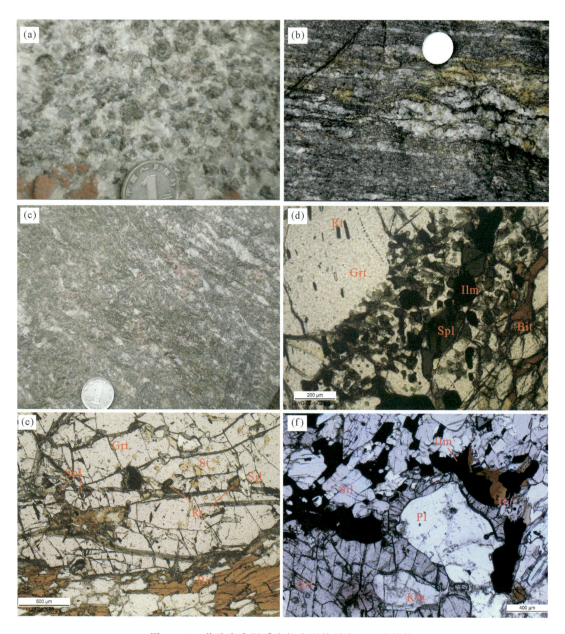

图2-18　黄陵穹隆泥质麻粒岩野外露头及显微结构

注：(a)、(b)、(c)泥质麻粒岩野外露头；(d)含尖晶石泥质麻粒岩中的石榴石"黑眼圈"结构（单偏光）；(e)石榴石变斑晶中尖晶石、金红石、夕线石、十字石、黑云母等矿物包裹体；(f)泥质麻粒岩显微结构显示近峰期石榴石＋夕线石特征矿物组合。

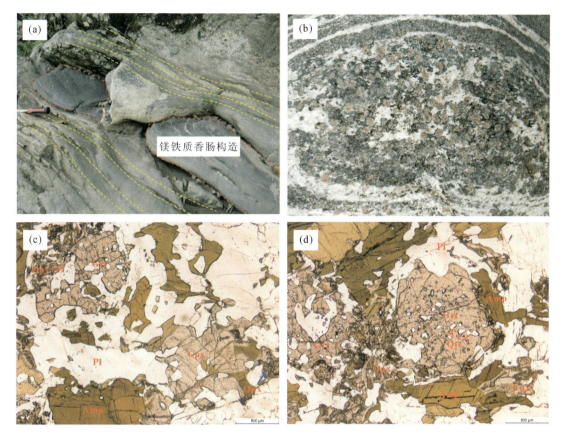

图 2-19 黄陵穹隆北部古元古代基性麻粒岩野外露头及显微结构

注:(a)基性麻粒岩呈透镜体产出于长英质片麻岩/变沉积岩系中;(b)基性麻粒岩野外露头中的典型石榴石"白眼圈"结构;(c)、(d)基性麻粒岩峰期变质典型高压矿物组合显微结构:高压石榴石+单斜辉石组合后期发生减压退变质反应,在石榴石变斑晶周缘形成低压斜方辉石+斜长石后生合晶反应边。

该观察点附近的雾殷公路沿途出露有古元古代黄凉河岩组麻粒岩相变沉积岩系(主要为富铝片麻岩)。泥质麻粒岩的主要岩性为含榴云母石英片岩、石榴石黑云斜长片麻岩、石榴石夕线石黑云母斜长片麻岩、含尖晶石蓝晶石堇青石石榴石黑云母片麻岩,石榴石变斑晶常见退变质"黑眼圈"结构。泥质麻粒岩典型野外及镜下显微结构照片见图 2-18。泥质麻粒岩峰期变质温压为 870~930℃,0.83~1.04Gpa,具近等温减压顺时针 $P-T$ 轨迹(Liu et al., 2019a, 2019b)。

基性麻粒岩(含石榴石斜长角闪岩)呈透镜状产于片麻岩中,石榴石变斑晶发育典型的"白眼圈"结构。变质峰期矿物组合为 Grt-Cpx-Opx-Pl-Qtz,峰期后退变质阶段以 Opx-Pl-Amp 围绕石榴石形成退变质后生合晶反应边为特征。基性麻粒岩典型野外露头及镜下显微结构照片见图 2-19。利用变质矿物温压计及热力学相平衡模拟计算获得的基性麻粒岩峰期温压为 810~870℃,1.1~1.4Gpa,退变质阶段温压为 700~760℃,0.45~0.6Gpa(Wu et al., 2009;Yin et al., 2013;Liu et al., 2019a, 2019b;Li et al., 2022)。

前人研究成果表明,黄陵穹隆基底北部的高压麻粒岩相变质时代介于1.96～2.02Ga之间(Wu et al.,2009；Yin et al.,2013；Han et al,2017；Liu et al.,2019a,2019b；Li et al.,2022),变沉积岩系碎屑锆石核部年龄的最小峰值集中在2.1Ga左右。Hf-Nd同位素特征显示,黄陵穹隆基底北部的高压麻粒岩可能代表古元古代活动大陆边缘沉积(Yin et al.,2013；Li et al.,2016；Qiu et al.,2018b)。

韩庆森等(2020)在混杂岩带变沉积岩系中首次发现了低温-高压(LT-HP)榴辉岩相石榴石＋蓝晶石＋硬绿泥石特征矿物组合的变泥质岩,变质峰期矿物组合为石榴石＋蓝晶石＋硬绿泥石＋多硅白云母＋金红石＋石英。经相平衡模拟计算得到近等温减压(ITD)顺时针变质P-T轨迹,其峰期变质温压条件为571～576 ℃,1.92～2.18Gpa。由LA-ICP-MS锆石U-Pb年代学研究可知,变泥质岩中碎屑锆石核部年龄集中于2.1～2.2Ga,变质增生边年龄约为1.99Ga。Grt-Ky-Cld矿物组合榴辉岩相变泥质岩原岩形成构造环境和变质峰期温压条件研究表明,变泥质岩形成于较低地温梯度(dT/dP≈280℃/GPa)下的古元古代活动大陆边缘冷俯冲构造环境。

此外,黄陵穹隆基底北部水月寺混杂岩带中的低温-高压与高温-高压泥质麻粒岩、基性麻粒岩的变质时代基本一致(1.98～2.03Ga),并且在空间上呈现出明显的北西、南东分带性,即北西侧为低温-高压、南东侧为高温-高压的分带特征,指示了古元古代板片俯冲极性是由北西向南东俯冲,显示出与现代板块构造俯冲体制双变质带相似的特征,这表明至少从古元古代开始具有"冷俯冲"和"双变质带"特征的现代板块构造体制已经启动。

第三章　黄陵穹隆基底中～新元古代聚合岩石与构造——庙湾蛇绿混杂岩

第一节　黄陵穹隆南部区域地质研究背景

一、黄陵穹隆南部地质概述

黄陵穹隆位于扬子克拉通中北部地区，其核部变质基底出露华南最古老的太古宙～古元古代崆岭群(崆岭杂岩)，以及新元古代黄陵花岗杂岩，并大致以北西向雾渡河断裂为界分为南崆岭和北崆岭两部分，后被南华～震旦系以来未变质稳定盖层沉积不整合覆盖。南崆岭主要由太古宙 TTG 片麻岩、古元古代变沉积岩系，以及中～新元古代庙湾蛇绿混杂岩组成(Peng et al.,2012b;邱啸飞等,2015;Jiang et al.,2016;Deng et al.,2017;Huang et al.,2017)。北崆岭主要由 3 个岩石单元组成:①太古宙英云闪长岩-奥长花岗岩-花岗闪长质片麻岩(TTG 片麻岩);②古元古代角闪岩-麻粒岩相变质表壳岩系;③古元古代变质镁铁-超镁铁质岩,以及少量中太古代变质地幔橄榄岩(高山和张本仁,1990;Ma et al.,1997;Gao et al.,2011)。

20 世纪 60 年代,崆岭群最早是由北京地质学院在《1∶20 万宜昌西半幅区域地质调查报告》(1960)中命名,指黄陵穹隆基底南部宜昌西部新元古代花岗岩之外的变质岩系,自下而上划分为:古村坪组、小以村(小渔村)组和庙湾组,时代划归前震旦纪。1987 年湖北省地质矿产局鄂西地质大队将黄陵新元古代花岗岩北部古老变质岩系命名为水月寺群,自下而上划分为:野马洞组、黄凉河组、周家河组,时代划归太古宙～古元古代;同时,将崆岭群地质实体限于黄陵新元古代花岗岩南部的古老变质杂岩系,自下而上划分为:古村坪、小渔村组和庙湾组,时代划归太古宙～中元古代。

庙湾组最初也是由北京地质学院在《1∶20 万宜昌西半幅区域地质调查报告》(1960)中命名。该报告将宜昌县邓村坪庙湾村一带的一套变质岩石组合命名为庙湾组,其岩性组合以黑绿色云母角闪片岩、石英角闪片岩为主,夹有暗绿色、灰色石墨绿泥片岩、黄褐色云母片岩、土黄色滑石片岩及暗灰色石墨片岩等,底部一般发育一层深灰色云母石英片岩或褐黄色薄层状石英岩,与下伏小以村(小渔村)组呈整合接触,厚 547.6m。湖北省地质矿产局在《湖北省区域地质志》(1990)中,将庙湾组改称崆岭群上岩组。但鄂西地质大队在《1∶5 万新滩东半幅、莲沱西半幅、过河口东半幅、三斗坪西半幅区域地质调查报告》(1991 年)中仍沿用庙湾组。汪啸风等(2002)在《长江三峡地区珍贵地质遗迹保护和太古宙～中生代多重地层划分和海平面升降变化》中，将南部崆岭群划分为：太古宙古村坪岩组、古元古代小以村(小渔村)岩组、中元古代庙湾岩组。

湖北省地质调查院在 2021 年出版的《中国区域地质志——湖北志》中，将黄陵穹隆基底新元古代花岗岩之外的变质岩系统一划分为中～新太古代花岗质片麻岩组合和变质表壳岩系，其中变质表壳岩系划分为：中太古代野马洞岩组、古元古代黄凉河岩组、古元古代力耳坪岩组、古元古代白竹坪岩组和中～新元古代庙湾岩组。野马洞岩组为一套弱混合岩化的斜长角闪岩、黑云斜长变粒岩、黑云角闪斜长片麻岩等，多以包体或残留体形式赋存于花岗质片麻岩中。黄凉河岩组为一套孔兹岩系岩石组合，主要包括富铝片岩-片麻岩、长英质变粒岩、斜长角闪片麻岩、大理岩和钙镁硅酸盐岩等。力耳坪岩组在空间上与黄凉河岩组相伴出露，岩性以斜长角闪岩为主，夹有黑云角闪斜长片岩、黑云角闪斜长变粒岩(片麻岩)、浅粒岩、含榴二云母片岩，部分地段见石英岩及块状硅质岩透镜体或条带。白竹坪岩组为一套变凝灰岩、变流纹岩(或安流岩)、含黄铁矿绢云板岩、含黄铁矿钠长浅粒岩(变酸性凝灰质含砂粉砂岩)和粉砂质板岩等浅变质或未变质的火山碎屑岩组合。庙湾岩组为一套以斜长角闪岩为主，夹石英岩、变质超镁铁质岩块的角闪岩相变质岩组合。

20 世纪 60～70 年代，湖北省地质局地质十队还对黄陵背斜南部崆岭群庙湾组太平溪变质超镁铁质岩开展了铬铁矿普查和详查工作。宜昌地质矿产研究所对太平溪变质超镁铁质岩岩石矿物学基本特征进行了研究。20 世纪 90 年代后，鄂西地质大队在 1∶5 万区域地质调查填图中，按花岗岩岩石谱系单元填图方法，对南部崆岭群变质镁铁-超镁铁质岩进行了分解，将它划分为中元古代梅纸厂序列，通过 Sm-Nd 全岩等时线法获得的庙湾岩组斜长角闪岩和蛇纹石化橄榄岩形成年龄分别为：1608 ± 81Ma 和 1282 ± 86。徐云鹏和张方明(1993,1994)对太平溪一带蛇纹石化橄榄岩矿物学特征进行了研究。王岳军等(1995)在对太平溪梅纸厂蛇纹石化橄榄岩地球化学特征开展研究时指出，它应属于阿尔卑斯型地幔岩。彭松柏等(2007)在编写的《中南地区基础地质综合研究报告》中提出，南崆岭庙湾岩组斜长角闪岩具大洋玄武岩的地球化学特征，推测黄陵地区在前南华纪可能存在中元古代洋盆。

近年来，彭松柏等(2010)在研究南崆岭庙湾组(岩组)变质镁铁-超镁铁质岩时提出，庙湾岩组变质镁铁-超镁铁质岩是一套被肢解的中元古代大洋蛇绿岩残片，并将它命名为庙湾蛇绿岩。深入研究表明，庙湾岩组变镁铁-超镁铁质岩主要由早期中元古代(约 1.1Ga)强变形变质大洋蛇绿岩岩石组合与晚期新元古代(1.0～0.97Ga)弱变形变质岛弧岩浆岩组成，经历了新元古代(0.91～0.90Ga)角闪岩相强烈挤压变形变质作用并形成中～新元古代庙湾蛇绿混杂岩或杂岩(Peng et al., 2012b;邱啸飞等, 2015;Jiang et al., 2016;Deng et al., 2017;董礼博, 2018;穆楚琪, 2021)。

二、黄陵穹隆南部中～新元古代庙湾蛇绿混杂岩

中～新元古代庙湾蛇绿混杂岩出露于扬子克拉通黄陵穹隆南部宜昌太平溪—邓村一

带,主体为庙湾蛇绿岩单元,总体呈 NWW 向带状展布,出露长度达 13km,宽度近 4km,其中变超镁铁质岩岩片连续出露长度达 12km,宽度近 2km。庙湾蛇绿岩单元北侧与古元古代小渔村岩组变沉积岩系呈构造接触关系,南侧与新元古代变野复理石-复理石沉积岩系呈构造接触关系,东侧被新元古代花岗杂岩侵入,西侧被南华~震旦系以来的稳定沉积地层不整合覆盖(图 3-1)。

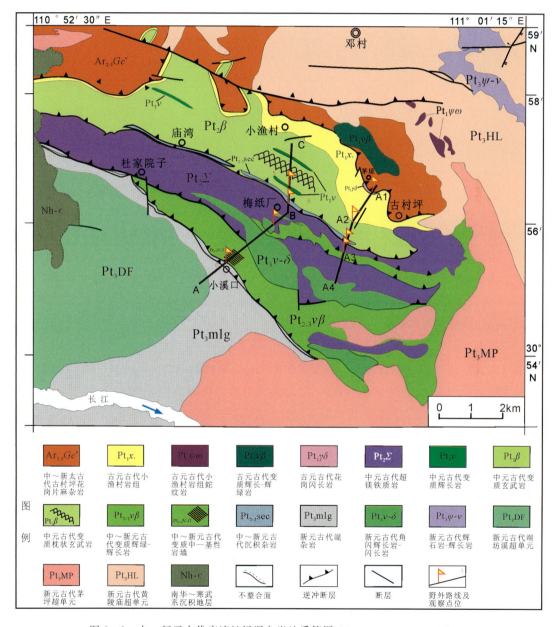

图 3-1 中~新元古代庙湾蛇绿混杂岩地质简图(据 Peng,et al.,2012,有修改)

根据野外地质特征、岩石矿物、岩石地球化学和年代学特征研究，中～新元古代庙湾蛇绿混杂岩可划分为两套岩石组合序列：早期蛇绿岩序列（Pt_2）和晚期岛弧岩浆岩序列（Pt_3）。早期蛇绿岩序列主要由中元古代末（约 1100Ma）强变形变质蛇纹石化方辉橄榄岩、纯橄岩（蛇纹岩）、变质辉长岩、变质辉绿-闪长质岩墙群、变质玄武岩、变质枕状玄武岩，以及中～新元古代条带-条纹状石英岩-黑云母片岩-大理岩（原岩薄层硅质岩-泥质岩-泥质灰岩）组成（Peng et al.，2012b；Jiang et al.，2012，2016；邱啸飞等，2015；Deng et al.，2012，2017；Wang et al.，2012a）。晚期岛弧岩浆岩序列主要由新元古代早期（1000～970Ma）弱变形块状、层状变质角闪辉长岩-高镁闪长岩-辉绿岩，以及斜长花岗岩组成（Peng et al.，2012b；Deng et al.，2017）。

第二节　黄陵穹隆南部中～新元古代庙湾蛇绿混杂岩

一、中～新元古代庙湾蛇绿混杂岩地质特征

早期中元古代蛇绿岩序列普遍遭受强烈韧性变形和糜棱岩化，糜棱面理和片麻理广泛发育。蛇纹石化方辉橄榄岩、纯橄岩呈透镜状岩块、岩片，NWW 走向，出露于梅纸厂—薄刀岭—天花寺—杜家院子一带，经历了早期韧性变形（高温面理化）和晚期韧-脆性变形（片理化、碎裂化）。大部分纯橄岩已蚀变为蛇纹岩，铬铁矿主要呈浸染状、豆荚状、同心环状和脉状赋存于蛇纹石化纯橄岩中。

变质玄武岩（细粒斜长角闪岩）呈似层状，主要分布于变超镁铁质岩北侧，变质玄武岩北侧可见太古宙 TTG 片麻岩、古元古代变沉积岩直接逆冲推覆于其上。变质玄武岩普遍经历强烈构造变形变质作用，以发育 NWW 向、总体向北陡倾的透入性片理和 A 型线理构造为特征，部分弱变形变质玄武岩中仍残留有枕状熔岩的基本结构、构造特征。

韧性变形变质辉长-辉绿岩，以及条带-条纹状石英岩-黑云母片岩-大理岩呈透镜状、似层状岩片分布于强烈变形变质玄武岩中。变质辉绿-闪长质岩墙群主要位于强变形蛇纹石化纯橄岩（蛇纹岩）、蛇纹石化方辉橄榄岩南侧，主要由变质辉绿-闪长质岩墙（岩脉）、少量互相穿插和晚期侵入的斜长花岗岩脉，以及更晚期的新元古代花岗岩细脉组成。岩墙群以发育双向冷凝边为主，可见少量单向冷凝边结构。变质辉绿-闪长质岩墙群中还夹有大量绿帘岩透镜体，可能代表了遭受洋底热液蚀变作用的残留枕状玄武岩（Deng et al.，2012；Wang et al.，2012a）。此外，在庙湾蛇绿混杂岩基底逆冲断层带南侧还发育一套由新元古代变形变质杂砂岩、二云母石英片岩、二云母片岩和变质砂岩等变沉积岩组成的野复理石-复理石建造，并发育一系列逆冲断层和宽缓褶皱构造，沿变沉积岩系变形片理面常见未变形的新元古代长英质脉体侵入（Jiang et al.，2012；Lu et al.，2020；Jiang et al.，2022）。

晚期新元古代岛弧岩浆岩序列（1000～970Ma）由弱变形块状、层状变质角闪辉长岩-闪

长岩-辉绿岩以及斜长花岗岩组成，主要出露于早期强变形变质蛇纹石化纯橄岩的南侧，并可见晚期岛弧岩浆岩侵入穿插蛇纹石化纯橄岩，主要遭受后期韧-脆性变形（碎裂化）作用。

早期中元古代庙湾蛇绿岩岩石单元总体呈 NWW 向展布，各岩石单元在不同部位出露宽度不同，多以构造接触为特征。蛇绿岩岩石单元的原生结构、构造普遍遭受了后期角闪岩相变形变质作用的强烈改造或破坏，但蛇绿岩主要岩石单元仍出露比较齐全，而且与世界典型蛇绿岩套对比具有相似的岩石单元组成（图3-2），从底部到顶部的岩石单元依次如下。

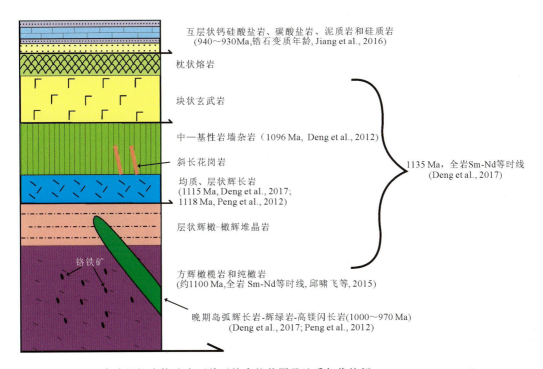

图 3-2 庙湾蛇绿岩构造岩石单元综合柱状图及地质年代特征（Deng et al.,2017,有修改）

（1）中元古代变质超镁铁岩：主要由不同比例的蛇纹石化纯橄岩、方辉橄榄岩组成，以蛇纹石化纯橄岩为主，橄榄石 Fo 值为 91.1～91.9，显示残余大洋地幔橄榄岩属性，蛇纹石化纯橄岩、方辉橄榄岩普遍发育浸染状、豆荚状和同心环状铬铁矿。

（2）中元古代变质超镁铁-镁铁质堆晶岩：主要为层状韵律结构的蛇纹石化辉橄岩、橄辉岩，以及层状、块状变质辉长岩。

（3）中～新元古代变镁铁质岩墙杂岩：主要为中元古代变质辉绿-闪长质岩脉为主的岩墙群，以及新元古代早期变质角闪辉长岩-闪长岩（高镁闪长岩）-辉绿岩、花岗闪长岩、斜长花岗岩脉和变质超镁铁岩团块。

（4）中元古代镁铁质火山岩：主要为变质玄武岩、变质枕状玄武岩，大多已退变为斜长角闪岩,部分弱变形区保留有变形枕状构造特征,部分核部保留有洋底蚀变的产物——绿帘岩。

(5)中~新元古代变沉积岩:主要为条带-条纹状变质石英岩-黑云母片岩-大理岩,原岩为互层状的薄层硅质岩和泥质灰岩沉积,普遍发育由透辉石、角闪石、黑云母等矿物组成的火山灰条带-条纹。

二、中~新元古代蛇绿杂岩岩石单元地质年代学特征

中~新元古代庙湾蛇绿杂岩各岩石单元定年数据见表3-1。在早期中元古代庙湾蛇绿岩单元序列中,Peng等(2012b)在韧性变形变质辉长岩岩浆锆石LA-ICP-MS U-Pb测年获得的 $^{207}Pb/^{206}Pb$ 成岩年龄为 1118 ± 24 Ma。Deng等(2012)在中—基性岩墙杂岩内辉绿岩墙岩浆锆石ICP-MS U-Pb测年获得的 $^{207}Pb/^{206}Pb$ 成岩年龄为 1096 ± 32 Ma。Deng等(2017)在韧性变形变质辉长岩岩浆锆石LA-ICP-MS U-Pb测年获得的 $^{207}Pb/^{206}Pb$ 年龄为 1115 ± 29 Ma。在蛇纹石化方辉橄榄岩、变质辉长-辉绿岩获得的全岩Sm-Nd同位素混合误差等时线年龄为 1135 ± 54 Ma(Deng et al.,2017)。邱啸飞等(2015)获得的蛇纹石化方辉橄榄岩全岩Sm-Nd等时线年龄为 1063 ± 12 Ma。这些早期从蛇绿岩岩石单元中获得的锆石U-Pb年龄在误差范围内一致,表明它们的形成时代为中元古代末期(1115~1118Ma)。

表3-1 中~新元古代庙湾蛇绿混杂岩年代学数据

成因类型	岩性及测年方法	年龄/Ma	参考文献
早期庙湾蛇绿岩岩石类型及相关变质沉积岩	韧性变形变质辉长岩锆石LA-ICP-MS U-Pb成岩年代	1118±24	Peng et al.,2012b
	变质辉绿岩墙锆石LA-ICP-MS U-Pb成岩年代	1096±32	Deng et al.,2012
	云母石英片岩碎屑锆石LA-ICP-MS U-Pb变质边年代	942±12	Jiang et al.,2016
	石英大理岩碎屑锆石LA-ICP-MS U-Pb变质边年代	932±12	邱啸飞等,2015
	蛇纹石化方辉橄榄岩全岩Sm-Nd同位素等时线年代	1063±12	
	韧性变形变质辉长岩锆石LA-ICP-MS U-Pb成岩年代	1115±29	Deng et al.,2017
	蛇纹石化方辉橄榄岩、变质辉长岩和变质辉绿岩全岩Sm-Nd同位素混合误差等时线年代	1135±54	

续表 3-1

成因类型	岩性及测年方法	年龄/Ma	参考文献
晚期岛弧岩浆岩类型（变质角闪辉长岩、高镁闪长岩、辉绿岩、花岗闪长岩等）	变质辉绿岩锆石 LA-ICP-MS U-Pb 成岩年代	978±12	Peng et al.,2012b
	高镁闪长岩锆石 LA-ICP-MS U-Pb 成岩年代	974±11	
	高镁闪长岩锆石 LA-ICP-MS U-Pb 成岩年代	1001±16	
	闪长岩锆石 LA-ICP-MS U-Pb 成岩年代	971±16	蒋幸福,2014
	花岗闪长岩锆石 LA-ICP-MS U-Pb 成岩年代	983±7	
	全岩 Sm-Nd 同位素混合误差等时线年代	1007±62	Deng et al.,2017
	变质辉长岩锆石 LA-ICP-MS U-Pb 成岩年代	973±15	Deng et al.,2017
	变质辉长岩锆石 LA-ICP-MS U-Pb 成岩年代	999±17	
	高镁闪长岩锆石 LA-ICP-MS U-Pb 成岩年代	1002±19	
晚期变质野复理石-复理石建造	二云母石英片岩碎屑锆石 LA-ICP-MS U-Pb 谱峰年代	906 和 966	Lu et al.,2020
	角闪石英片岩碎屑锆石 LA-ICP-MS U-Pb 谱峰年代	约 896	
	二云母片岩碎屑锆石 LA-ICP-MS U-Pb 谱峰年代	约 898	
	侵入变沉积岩浅色花岗岩脉锆石、独居石 LA-ICP-MS U-Pb 成岩年代	851±5 867±43	
	变质砂岩碎屑锆石 LA-ICP-MS U-Pb 谱峰年代	约 900	Jiang et al.,2022
	变质砂岩碎屑锆石 LA-ICP-MS U-Pb 谱峰年代	约 921	

晚期新元古代岛弧岩浆岩序列岩石单元中岩浆锆石 LA-ICP-MS U-Pb 测年获得的 $^{207}Pb/^{206}Pb$ 年龄介于 1000~970Ma 之间，其中 2 个变质辉长岩样品分别获得的年龄为 973±15Ma 和 999±17Ma(Deng et al.,2017),1 个变质辉绿岩样品获得的年龄为 978±12Ma(Peng et al.,2012b),3 个高镁闪长岩分别获得的年龄为 1002±19Ma(Deng et al.,2017)、974±11Ma 和 1001±16Ma(Peng et al.,2012b),1 个闪长岩样品获得的年龄为 971±16Ma(蒋幸福,2014),1 个花岗闪长岩样品获得的年龄为 983±7Ma(蒋幸福,2014)。变质辉长岩和变质辉绿岩获得全岩 Sm-Nd 同位素混合误差等时线年龄为 1007±62Ma(Deng et al.,2017),与获得的锆石 U-Pb 年龄在误差范围内一致。因此,晚期岛弧岩浆岩序列主要形成于新元古代早期(1000~970Ma)。

最晚期新元古代前陆变野复理石-复理石建造中,Lu 等(2020)和 Jiang 等(2022)在二云母石英片岩、二云母片岩和变质砂岩碎屑锆石 LA-ICP-MS U-Pb 测年中获得的年龄谱峰分别为约900Ma、约921Ma和约966Ma,且被新元古代晚期(851～867Ma)浅色花岗岩脉切穿,限定了该套变沉积建造形成时代介于900～860Ma之间。

此外,Jiang等(2016)在早期庙湾蛇绿岩单元中变沉积岩片云母石英岩和石英大理岩夹片碎屑锆石变质增生边获得的U-Pb变质年龄分别为942±12Ma和932±12Ma,原岩形成时代介于1009～942Ma之间。近几年,我们对中～新元古代庙湾蛇绿混杂岩中构造变质年代学的进一步研究表明,高角闪岩相含石榴石斜长角闪岩、石榴石长英质片麻岩中变质榍石年龄介于910～900Ma之间(穆楚琪,2021)。韧性变形变质古元古代花岗闪长岩中榍石核部岩浆结晶和边部变质年龄分别为:1842Ma和900Ma(相关论文未发表)。前陆盆地变野复理石-复理石的形成时代介于900～860Ma之间。这表明中～新元古代庙湾蛇绿混杂岩在新元古代(910～900Ma)发生一期高角闪岩相强变形变质作用,该构造变质年龄代表了庙湾蛇绿混杂岩构造侵位或弧-陆碰撞洋盆闭合的时间。

三、中～新元古代蛇绿混杂岩岩石地球化学特征

(一)早期中元古代庙湾蛇绿岩序列(约1100Ma)

蛇纹石化方辉橄榄岩主量元素 $w(SiO_2)=42.73\%\sim42.85\%$、$w(Al_2O_3)=2.97\%\sim3.67\%$、$w(MgO)=31.94\%\sim32.53\%$ 和 $w(TiO_2)=0.09\%\sim0.1\%$ 的含量变化幅度不大,$Cr(2.266\sim2.293)\times10^{-6}$、$Ni(1.662\sim1.993)\times10^{-6}$ 含量相对较高。球粒陨石标准化蛛网图显示亏损LREE($La/Sm_{cn}=0.42\sim0.53$),较为平缓的MREE-HREE的稀土配分型式($Gd/Yb_{cn}=0.98\sim1.06$)[图3-3(a)]。而包含块状蛇纹石化纯橄岩、纯橄岩脉在内的纯橄岩则表现出富集轻稀土和重稀土的特征,呈现U型分布的稀土元素配分模式[图3-3(b)]。

变质辉长岩主量元素 $w(SiO_2)=49.02\%\sim49.95\%$、$w(Al_2O_3)=13.84\%\sim13.87\%$、$w(MgO)=7.73\%\sim7.76\%$、$w(Fe_2O_3)=1.99\%\sim2.09\%$ 和 $w(TiO_2)$(约1.16%)的含量变化幅度不大。球粒陨石标准化蛛网图[图3-3(c)]显示LREE平坦-略亏损稀土配分型式($La/Sm_{cn}=0.89\sim0.91$;$La/Yb_{cn}=1.11\sim1.13$),显示弱Eu正异常($Eu/Eu^*=1.08\sim1.12$)。在原始地幔标准化蛛网图[图3-3(d)]中,Nb显示轻微的正异常,Zr无异常。

变形变质玄武岩、枕状玄武岩(细粒斜长角闪片岩)主量元素 $w(SiO_2)=47.88\%\sim50.89\%$、$w(Al_2O_3)=13.73\%\sim14.77\%$、$w(MgO)=4.58\%\sim6.72\%$、$w(Fe_2O_3)=2.85\%\sim3.26\%$ 和 $w(TiO_2)=0.96\%\sim1.63\%$ 的含量变化幅度不大,具有相似的地球化学特征。在球粒陨石标准化蛛网图中[图3-3(c)],LREE表现为平坦-略亏损稀土配分模式($La/Sm_{cn}=0.83\sim1.02$;$La/Yb_{cn}=1.06\sim1.35$),Eu无明显异常($Eu/Eu^*=0.95\sim1.08$)。原始地幔标准化蛛网图[图3-3(d)]显示轻微的Nb正异常,Zr无异常。

(二)晚期新元古代岛弧岩浆岩序列(1000～970Ma)

变角闪辉长岩-高镁闪长岩主量元素 $w(SiO_2)=49.83\%\sim55.88\%$、$w(Al_2O_3)=$

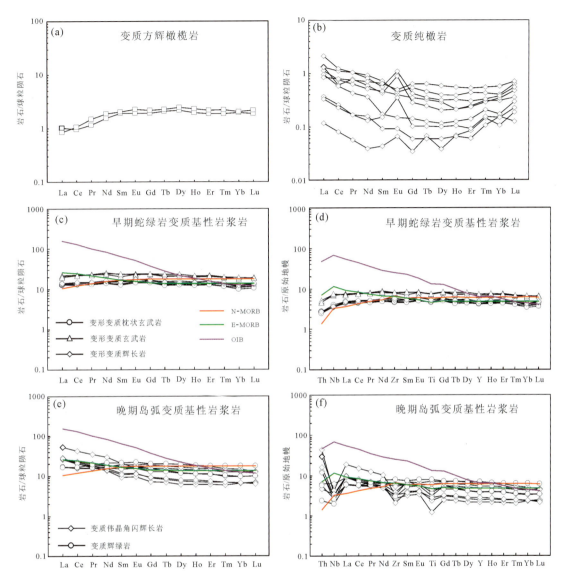

图 3-3 中～新元古代庙湾蛇绿混杂岩构造岩石单元稀土元素和微量元素配分图(据 Deng et al., 2017,有修改)
注:(a)变质方辉橄榄岩;(b)变质纯橄岩;(c)早期蛇绿岩变质基性岩浆岩;(d)早期蛇绿岩变质基性岩浆岩;(e)晚期岛弧变质基性岩浆岩;(f)晚期岛弧变质基性岩浆岩。

13.25%～19.88%、$w(MgO)=4.16\%\sim8.98\%$、$w(Fe_2O_3)=1.19\%\sim4.10\%$ 和 $w(TiO_2)=0.26\%\sim1.57\%$ 的含量变化幅度较大。球粒陨石标准化蛛网图[图 3-3(e)]显示富集 LREE($La/Yb_{cn}=1.18\sim5.60$),Eu 无明显异常($Eu/Eu^*=0.89\sim1.18$)。原始地幔标准化蛛网图[图 3-3(f)]分别显示明显的 Nb 和 Zr 负异常。

变质辉绿岩主量元素的含量分别为 $w(SiO_2)=49.87\%\sim51.27\%$、$w(Al_2O_3)=15.89\%\sim18.30\%$、$w(MgO)=5.03\%\sim6.75\%$、$w(Fe_2O_3)=2.05\%\sim4.85\%$、$w(TiO_2)=$

0.98%～1.70%,含量变化幅度不大。球粒陨石标准化蛛网图[图3-3(e)]表现为轻稀土元素略微亏损到富集的特征(La/Yb_{cn}=0.94～1.80),Eu显示轻微的正异常(Eu/Eu^*=1.07～1.12)。原始地幔标准化蛛网图[图3-3(f)]显示明显的Nb和Zr负异常。

四、全岩Sm-Nd同位素特征

早期中元古代庙湾蛇绿岩序列蛇纹石化方辉橄榄岩、变质辉长岩、变质辉绿岩获得的全岩Sm-Nd同位素混合误差等时线年龄为1135±54Ma(MSWD=1.2),初始平均$\varepsilon_{Nd}(t)$值为+7.0±1.3[图3-4(a)]。此外,蛇纹石化方辉橄榄岩、变质辉长岩和变质玄武岩的初始$\varepsilon_{Nd}(t)$值(t=1115Ma)均为正值,分别为+6.8～+7.2、+5.1～+7.8和+6.9～+7.0。

晚期新元古代岛弧岩浆岩序列弱变形变质角闪辉长岩-高镁闪长岩-辉绿岩获得的Sm-Nd同位素混合误差等时线年龄为1007±62Ma(MSWD=7.1),对应的初始平均$\varepsilon_{Nd}(t)$值为+6.7±1.6[图3-4(b)]。变质角闪辉长岩-高镁闪长岩-辉绿岩的初始$\varepsilon_{Nd}(t)$值(t=1002Ma)分别为+6.0～+7.0和+6.3～+7.2。

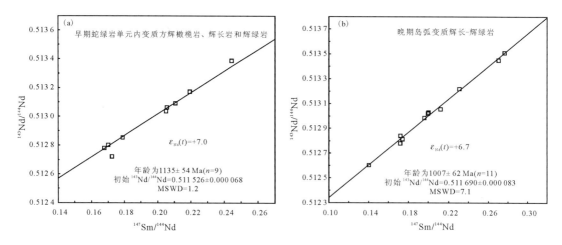

图3-4 全岩Sm-Nd同位素混合误差等时线年龄

注:(a)早期蛇绿岩单元内变质方辉橄榄岩、辉长岩和辉绿岩;(b)晚期岛弧变质辉长-辉绿岩。

五、豆荚状铬铁矿矿物学特征

早期庙湾蛇绿岩序列蛇纹石化纯橄榄岩、方辉橄榄岩普遍发育浸染状、豆荚状和同心环状铬铁矿。背散射图像显示,豆荚状铬铁矿颗粒具有深灰色核部、浅灰色幔部和亮白色边部的环带特征,表明它经受了后期蚀变作用[(图3-5(a)、(b)]。核部和边部之间界限普遍为渐变过渡,向外逐渐明亮[(图3-5(c)、(d)]。电子探针的成分分析表明,核部为铬铁矿,边部为富铁铬铁矿,最外层为磁铁矿、绿泥石(Huang et al.,2017)。铬铁矿内部包含有多种矿物包裹体,包括橄榄石、单斜辉石、角闪石、绿泥石和蛇纹石等(图 3-5)。远离颗粒裂隙和蚀变边的矿物包裹体通常被认为是原生的,未受到蚀变影响。

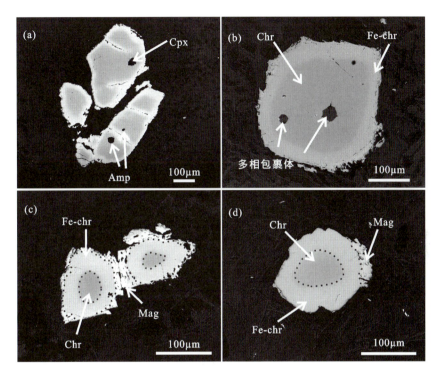

图 3-5 铬铁矿背散射照片(据 Huang et al.,2017,有修改)

注:(a)铬铁矿具有成分环带,核部具有单斜辉石和角闪石包裹体。核部呈深灰色,为原始铬铁矿成分;边部较亮,为富铁铬铁矿。基质矿物显示黑色,主要是蛇纹石和绿泥石。(b)铬铁矿具有成分环带,核部有贱金属矿物、硅酸盐矿物和多相矿物包裹体。(c)和(d)展示了铬铁矿成分环带,原始成分核部、富铁铬铁矿边部和小块磁铁矿。基质矿物显示黑色,主要是蛇纹石、绿泥石和菱镁矿。Fe-Chr 为富铁铬铁矿,Mag 为磁铁矿,Chr 为铬铁矿,Mgs 为磁铁矿,Cpx 为单斜辉石,Amp 为角闪石。

铬铁矿中的绿泥石和蛇纹石主要出现于富铁铬铁矿边部,表明它是受蚀变作用所形成的。橄榄石、单斜辉石、角闪石包裹体等出现在铬铁矿核部,被认定为原生矿物包裹体。豆荚状铬铁矿中含水矿物包裹体的存在通常被认为在铬铁矿结晶形成过程中有水或其他流体和富钠流体的存在(Augé and Johan,1988;Melcher et al.,1997)。庙湾豆荚状铬铁矿中含角闪石矿物包裹体,表明它结晶自富水熔体(Huang et al.,2017)。

在 $Cr-Al-Fe^{3+}$ 三价离子判别图解中可见,蛇纹石化纯橄岩、方辉橄榄岩中铬铁矿主要落入蛇绿岩型铬铁矿区域,并且绝大多数纯橄岩铬铁矿落在类似玻安岩成分的区域[图 3-6(a)]。在 $Al_2O_3-Cr_2O_3$ 判别图解中可见,铬铁矿样品均落入地幔部分[图 3-6(b)]。蛇纹石化纯橄岩、方辉橄榄岩铬铁矿的核部成分在 $TiO_2-Cr^\#$ 判别图解中落入蛇绿岩型铬铁矿区,显示它们属于蛇绿岩型铬铁矿[图3-6(c)]。此外,蛇纹石化纯橄岩铬铁矿成分落入起源于玻安质岩浆的铬铁矿区域,而蛇纹石化方辉橄榄岩铬铁矿则落入玻安岩和MORB的过渡区域[图3-6(c)]。TiO_2-Al_2O_3判别图解可以用于区分不同起源环境(OIB、MORB、岛弧)的铬铁矿。庙湾蛇纹石化纯橄岩铬铁矿落入岛弧区域,而蛇纹石化方辉橄榄岩中的铬铁矿落入岛弧和MORB的中间区域(图3-6)。

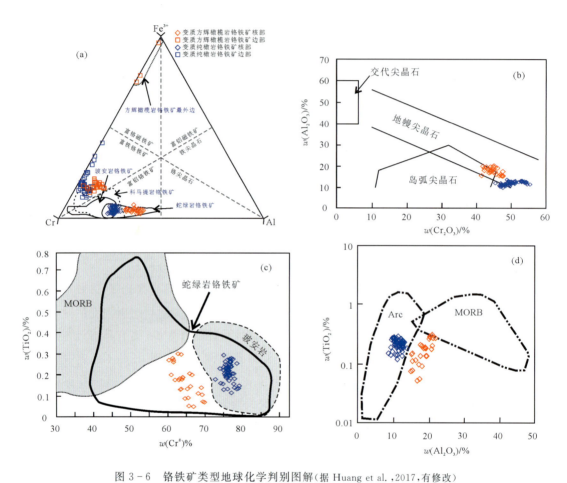

图3-6 铬铁矿类型地球化学判别图解(据Huang et al.,2017,有修改)

注:(a)铬铁矿Cr-Al-Fe^{3+}(原子百分比)判别图解(据Barnes and Roeder,2001;Stevens,1994);(b)Al_2O_3-Cr_2O_3判别图解(据Franz and Wirth.,2000);(c)铬铁矿TiO_2-$Cr^\#$判别图解(据Pagé and Barnes,2009;Barnes and Roeder,2001);(d)庙湾铬铁矿的TiO_2-Al_2O_3判别图解(据Kamenetsky et al.,2001)。

此外,根据Kamenetsky等(2001)提出的铬铁矿-熔体包裹体数据建立的铬铁矿母熔体Al_2O_3成分公式,计算的庙湾铬铁矿结果表明,蛇纹石化纯橄岩豆荚状铬铁矿母熔体的Al_2O_3含量与弧前玻安质熔体成分类似,而蛇纹石化方辉橄榄岩中计算得到的铬铁矿母熔体成分介于MORB和岛弧拉斑玄武岩之间,显示它可能经历了两阶段形成过程(Huang et al.,2017)。

六、中～新元古代庙湾蛇绿混杂岩构造演化

(1)洋盆形成阶段(≥1100Ma)。庙湾蛇绿混杂岩的主体早期中元古代蛇绿岩序列形成于约1100Ma,蛇纹石化方辉橄榄岩、纯橄岩、变质辉长岩、变质辉绿岩和变质玄武岩均显示MORB型地球化学特征,指示庙湾蛇绿岩初始形成于大洋中脊构造环境[图3-7(a)](Pearce,2008,2014;Dilek and Furnes,2011;Kusky et al.,2011)。

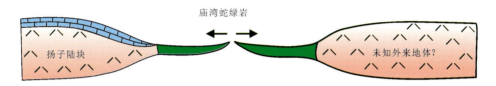

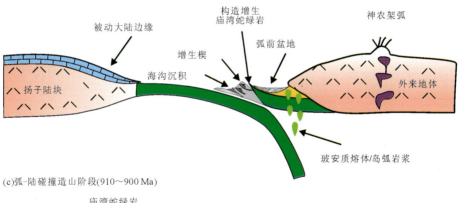

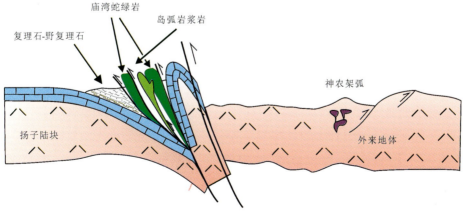

图3-7 中～新元古代庙湾蛇绿杂岩形成构造演化模式图(据Deng et al.,2017,有修改)

注:(a)洋盆形成阶段;(b)俯冲阶段;(c)弧-陆碰撞造山阶段。

(2) 俯冲阶段(1000~970Ma)。俯冲初始阶段,中元古代庙湾蛇绿岩仰冲至俯冲带之上,蛇纹石化橄榄岩、纯橄榄岩转化为地幔楔的一部分,遭受玻安质流体的改造形成具有 U 型稀土元素特征的蛇纹石化纯橄岩及豆荚状铬铁矿(Godard et al.,2000;Zhou et al.,2005)。随着俯冲板片深部脱水和熔融,流体和熔体加入地幔楔(Pearce and peate,1995;Pearce,2008),导致地幔楔水化并发生部分熔融,并于1000~970Ma之间形成晚期新元古代早期岛弧(洋内弧)岩浆侵入体(变质角闪辉长岩-高镁闪长岩-辉绿岩)[图 3-7(b)]。

(3) 弧-陆碰撞造山阶段(910~900Ma)。庙湾蛇绿杂岩在新元古代普遍经历了角闪岩相-高角闪岩相构造变质作用。在钙硅酸盐岩、硅质岩和大理岩中碎屑锆石变质增生边年龄为940~930Ma(Jiang et al.,2016),高角闪岩相含石榴石斜长角闪岩、石榴石长英质片麻岩中变质榍石年龄介于910~900Ma之间(穆楚琪,2021)。在韧性变形变质古元古代花岗闪长岩中,获得的榍石核部岩浆结晶和边部变质边年龄分别为1842Ma和900Ma(该数据未发表)。前陆盆地变野复理石-复理石形成时代介于900~860Ma之间(Peng et al.,2012b;Jiang et al.,2016;Deng et al.,2017;Lu et al.,2020)。这些研究表明,中~新元古代庙湾蛇绿混杂岩构造侵位或弧-陆碰撞形成时代介于910~900Ma之间[图 3-7(c)]。弧-陆碰撞造山作用改造了原有的地质接触关系,最终形成现今局部有序、总体无序的中~新元古代庙湾蛇绿混杂岩。

综上所述,扬子克拉通前南华基底是由南、北不同微陆块或地体,经俯冲-洋盆闭合作用过程,最终在新元古代(910~900Ma)发生碰撞造山变质而形成的,其碰撞造山拼合时代与全球新元古代罗迪尼亚超大陆格林威尔期聚合时代基本一致。

第三节 黄陵穹隆基底南部中~新元古代庙湾蛇绿混杂岩地质观察路线

考虑到实际交通条件、地质体单元出露等情况,笔者选择了交通便利、地质剖面连续、露头良好的中~新元古代庙湾蛇绿混杂岩茅垭—薄刀岭地质观察路线和中~新元古代庙湾蛇绿混杂岩小溪口—梅纸厂—龙嘴子地质观察路线作为实习教学重点观察的地质路线。由于路线较长,根据不同专业实习教学和时间要求,可选择其中一条地质路线或部分地段进行实习教学。

路线一 中~新元古代庙湾蛇绿混杂岩茅垭—薄刀岭地质观察路线

中~新元古代庙湾蛇绿混杂岩茅垭—薄刀岭路线地质观察路线位于黄陵穹隆南部邓村到太平溪镇公路的茅垭—薄刀岭段,露头良好、岩石类型丰富,各种构造变质现象发育。野外地质路线从北往南依次出露以下岩石构造单元:中太古代奥长花岗片麻岩、新太古代花岗片麻岩(原古村坪岩组),韧性变形古元古代花岗闪长岩、古元古代变沉积岩(黑云斜长片麻岩、斜长角闪片岩、变质砂岩、片岩、大理岩等)(原小渔村岩组),以及中～新元古代庙湾蛇绿混杂岩岩石构造单元(原庙湾岩组)(图3-1、图3-8)。

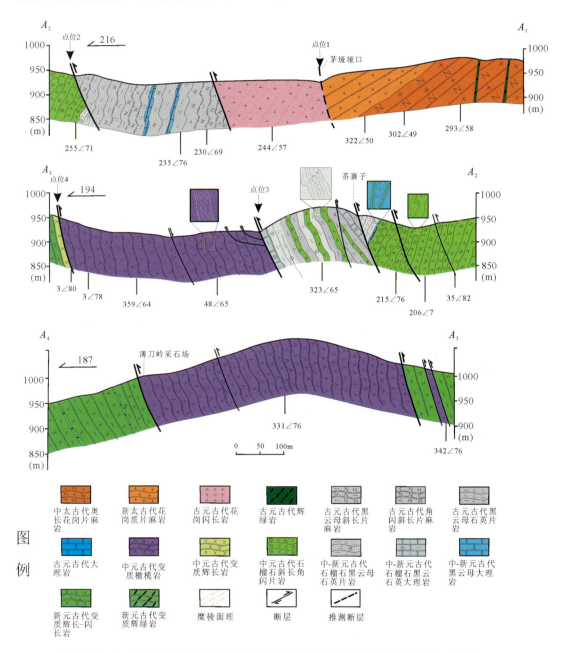

图3-8 中～新元古代庙湾蛇绿混杂岩茅垭-薄刀岭地质构造剖面图(剖面位置见图3-1)

黄陵穹隆南部基底太古宙～古元古代花岗片麻岩以发育古元古代北东向片麻理、次级小褶皱为特征,晚期新元古代近南北向挤压由北向南逆冲推覆到中～新元古代庙湾蛇绿混杂岩之上，并叠加有 NWW 向韧性变形片麻理、片理和断层。中～新元古代庙湾蛇绿混杂岩主要岩石单元多呈构造接触关系（断层接触），早期发育 NWW 向逆冲断层，晚期发育高角度脆性正断层（图 3-8）。

在茅垭—薄刀岭段野外地质观察路线，我们重点选择了不同岩石单元 4 个代表性的地质观察点：①太古宙 TTG 片麻岩、花岗片麻岩与韧性变形古元古代花岗闪长岩地质分界观察点；②古元古代变沉积岩与中元古代石榴石黑云母石英片岩-石榴石斜长角闪片岩地质分界观察点；③中～新元古代变沉积岩与中元古代蛇纹石化橄榄岩地质分界观察点；④中元古代蛇纹石化橄榄岩、变质辉长岩与新元古代变质角闪辉长岩-闪长岩地质分界观察点。

 教学内容及要求

（1）介绍蛇绿岩基本概念、中～新元古代庙湾蛇绿混杂岩基本组成、形成时代及构造变形变质特征。

（2）观察描述中太古代 TTG 片麻岩、新太古代花岗片麻岩、韧性变形古元古代花岗闪长岩、古元古代变沉积岩的岩性及变形构造特征。

（3）观察描述早期中元古代庙湾蛇绿岩序列蛇纹石化橄榄岩、变质辉长岩、变质玄武岩、相关变质沉积岩的岩性及变形构造特征。

（4）观察描述晚期新元古代岛弧岩浆岩序列变质角闪辉长岩-闪长岩、斜长花岗岩的岩性及变形构造（面理、线理和褶皱）特征。

 点位 1　太古宙 TTG 片麻岩、花岗片麻岩与韧性变形古元古代花岗闪长岩地质分界观察点

该点位于太平溪—邓村公路茅垭垭口处，为新太古代花岗片麻岩与韧性变形古元古代花岗闪长岩地质接触分界点（图 3-8）。点北侧为新太古代花岗片麻岩（约 2.78Ga），点南侧为韧性变形古元古代花岗闪长岩（约 1.85Ga），两者呈构造接触关系。

点北侧为新太古代花岗片麻岩（约 2.78Ga），其中发育有不对称褶皱、石香肠构造［图 3-9(a)、(b)］。新太古代花岗片麻岩（约 2.78Ga）北侧为中太古代 TTG 花岗片麻岩（奥长花岗岩）（2.93～2.94Ga），其中沿片麻理不均匀分布有大量呈透镜状的暗色镁铁质包体，并发育无根褶皱、倾斜非对称紧闭褶皱、等斜褶皱等［图 3-9(c)～(e)］，推测暗色镁铁质包体可能为部分熔融残留体，或同源岩浆混合体，后又经历了古元古代变形变质作用改造（Gao,et al.,2011；Li et al.,2018；陈超等,2020；龙新鹏,2022；吴飞,2022）。此外，在中太古代奥长花岗片麻岩中，可见晚期穿插侵入的未变形古元古代辉绿岩脉［图 3-9(f)］。中太古代奥长花岗片麻岩与新太古代花岗片麻岩片麻理略有差异，总体呈 NE 向，倾向 NW。

点南侧为韧性变形古元古代花岗闪长岩（约 1.85Ga），它与点北侧的新太古代花岗片麻岩（约 2.78Ga）呈构造接触关系。古元古代花岗闪长岩遭受了后期强烈韧性变形改造，发育糜棱面理，糜棱面理走向为 NW 向［图 3-10(a)］。在弱变形古元古代花岗闪长岩中，还可见典型的暗色闪长质包体，这也是判别原岩为花岗闪长岩侵入体的重要地质证据［图 3-10(b)］。

图 3-9 中太古代奥长花岗片麻岩和新太古代花岗片麻岩

注:(a)新太古代花岗片麻岩内部发育的褶皱构造,且辉绿岩脉被拉伸形成石香肠构造;(b)新太古代花岗片麻岩内部发育的褶皱构造;(c)中太古代奥长花岗片麻岩及暗色包体;(d)中太古代奥长花岗片麻岩及暗色包体;(e)中太古代奥长花岗片麻岩内部发育的褶皱构造;(f)古元古代未变形辉绿岩脉穿插侵入奥长花岗片麻岩。

韧性变形变质古元古代花岗闪长岩的南侧,主要为一套古元古代小渔村岩组变沉积岩系(黑云斜长片麻岩、斜长角闪片麻岩、变质砂岩、云母石英片岩、中厚层大理岩等),两者之间为构造接触关系。古元古代变沉积岩经历了强烈变形,普遍发育片麻理、片理,总体呈 NW 向[图 3-10(c)、(d)]。云母石英片岩、云母片岩以条带-条纹形式出现,与斜长角闪片麻岩和黑云斜长片麻岩互层产出,变沉积岩普遍发育等斜紧闭褶皱、S 型或 Z 型褶皱等[图 3-10(d)～(f)]。

图 3-10 古元古代岩石单元

注：(a)古元古代糜棱岩化花岗闪长岩；(b)古元古代花岗闪长岩中的闪长质包体；(c)似层状古元古代变沉积岩系；(d)古元古代变质砂岩发育褶皱；(e)古元古代斜长角闪片麻岩和黑云母石英片岩互层，并发育S型褶皱变形；(f)古元古代黑云母石英片岩发育紧闭褶皱。

点位2 古元古代变沉积岩与中元古代石榴石黑云母石英片岩-石榴石斜长角闪片岩地质分界观察点

该点为古元古代变沉积岩与中～新元古代庙湾蛇绿混杂岩中的变火山-沉积岩地质接触分界点（图3-8）。点北侧为古元古代云母石英片岩、斜长角闪片麻岩、黑云斜长片麻岩。

点南侧为中元古代石榴石黑云母石英片岩、石榴石斜长角闪片岩，两者呈构造接触关系。

该点南侧从北向南依次出露的岩石单元有强变形中元古代石榴石黑云母石英片岩[图3-11(a)、(b)]、石榴石斜长角闪片岩[图3-11(c)、(d)]、细粒斜长角闪片岩，夹大理岩岩片，以及薄层状钙质硅酸盐岩（黑云母片岩-石英片岩-大理岩）。

图3-11 庙湾蛇绿混杂岩内中元古代变质玄武岩及相关变沉积岩野外照片和显微照片

注：(a)石榴石黑云母石英片岩发育紧闭无根钩状褶皱；(b)石榴石黑云母石英片岩；(c)发育褶皱的含榴斜长角闪片岩；(d)石榴石斜长角闪片岩中的石榴石发育"白眼圈"结构；(e)石榴石斜长角闪片岩中的石榴石发育"白眼圈"结构；(f)石榴石斜长角闪片岩中的石榴石发育"白眼圈"结构。

石榴石斜长角闪片岩、细粒斜长角闪片岩,呈似层状,原岩为玄武岩,整体经历了强烈挤压剪切变形变质,矿物定向排列、拉伸明显,发育透入性的面理和线理构造,以及次级紧闭褶皱。

细粒斜长角闪片岩(原岩为玄武岩)主要矿物为角闪石和斜长石;石榴石斜长角闪片岩主要矿物为角闪石、斜长石和少量石榴石,并且石榴石发育典型退变质反应边"白眼圈"结构[图3-11(c)～(f)]。此外,可见细粒斜长角闪岩、石榴石斜长角闪片岩与含榴大理岩发生同步强烈褶皱变形,形成紧闭无根褶皱,显示它们发生了强烈构造置换变形[图3-12(a)]。

图3-12 庙湾蛇绿混杂岩内中～新元古代变沉积岩

注:(a)细粒斜长角闪岩与大理岩互层发育的紧闭无根褶皱;(b)变形大理岩岩片发育的等斜紧闭无根钩状褶皱;(c)变质沉积岩内发育的晚期脆性逆冲断层;(d)条带状石英岩-大理岩-黑云母片岩内部发育逆冲断层;(e)条带状石英岩-大理岩-黑云母片岩中的斜长角闪片岩夹层发育紧闭无根钩状褶皱;(f)条带状含石榴石石英岩-大理岩-黑云母片岩发育紧闭无根钩状褶皱。

中~新元古代薄层状变质沉积岩主要包括黑云母片岩、石英岩和大理岩,经历了强烈变形变质作用,可见次级等斜紧闭褶皱、无根褶皱、逆冲构造、构造透镜体、断层角砾岩等强烈构造变形现象,常见细粒变质石榴石[图3-12(b)~(d)]。大理岩呈白—灰白色,风化面呈黄褐色,主要以构造变形条带-条纹形式存在,偶见斜长角闪片岩夹层,并发生强烈面理化,发育等斜紧闭褶皱、无根钩状褶皱[图3-12(e)],显示原始沉积层理受到强烈挤压剪切变形的改造和构造置换。变质矿物主要有石榴石、角闪石、黑云母、绿泥石、绿帘石等变质识别矿物[图3-12(f)]。

点位3 中~新元古代变沉积岩与中元古代变质橄榄岩地质分界观察点

该点为中~新元古代薄层状变质沉积岩与中元古代蛇纹石化橄榄岩的地质分界点(图3-8)。点北侧为中~新元古代薄层状变沉积岩。点南侧为中元古代蛇纹石化橄榄岩北侧,两者呈典型构造接触关系。

点南侧的蛇纹石化橄榄岩以构造岩片或岩块形式出露,与北侧中~新元古代薄层状变质钙硅酸盐岩(石英岩-大理岩-黑云片岩)呈高角度逆冲断层接触关系,两者之间具明显构造地貌标志[图3-13(a)]。强烈变形变质蛇纹石化纯橄榄岩、方辉橄榄岩,均经历了较大程度的面理化、线理化和碎裂化,面理总体走向为NWW向,倾角总体呈高角度北倾,倾角65°~80°,并遭受了蛇纹石化、滑石化和透闪石化等变质作用。

在片理化蛇纹石化橄榄岩中,早期构造变形表现为由北向南挤压形成一系列逆冲叠瓦状构造岩片、构造透镜体和构造片理[图3-13(b)~(e)]。此外,还可见晚期伸展背景下脆性高角度正断层切割早期挤压逆冲断层和构造岩片的构造变形叠加[图3-13(f)]。

点位4 中元古代变质橄榄岩、变质辉长岩与新元古代变质角闪辉长岩-闪长岩地质分界观察点

该点为中元古代庙湾蛇绿岩单元中蛇纹石化橄榄岩、变辉长岩与新元古代岛弧变辉长岩-高镁闪长岩之间地质接触分界点(图3-8)。点北侧为中元古代蛇纹石化橄榄岩夹中元古代变辉长岩岩片,点南侧为新元古代变质角闪辉长岩-闪长岩以及斜长花岗岩,两者之间呈断层接触关系。

点北侧主要为早期中元古代变形蛇纹石化橄榄岩岩块,局部夹中元古代变质辉长岩岩片。早期中元古代变质辉长岩岩片呈深灰色、黑灰色,呈块状、似层状、片麻状构造,局部弱变形域可见残留的层状堆晶韵律结构[图3-14(a)、(b)],其形成时代与早期中元古代蛇纹石化橄榄岩形成时代基本一致。

点南侧可见晚期新元古代浅灰色块状变质角闪辉长岩-闪长岩与早期中元古代蛇纹石化橄榄岩、蛇纹石片岩,发生强烈挤压剪切逆冲变形,形成一系列构造岩片。北侧早期中元古代蛇纹石化橄榄岩、蛇纹石片岩由北向南挤压逆冲推覆于晚期变形变质角闪辉长岩-闪长岩之上,晚期发育的近直立正断层切割早期挤压剪切逆冲变形形成的片理和逆冲断层[图3-14(c)、(d)]。

图 3-13 庙湾蛇绿混杂岩内蛇纹石化橄榄岩变形构造特征

注：(a)变质沉积岩与蛇纹石化橄榄岩呈断层接触关系；(b)蛇纹石化橄榄岩内发育逆冲叠瓦状构造；(c)蛇纹石化橄榄岩内发育逆冲断层，切割晚期斜长花岗岩岩脉；(d)蛇纹石化橄榄岩内发育逆冲叠瓦断层；(e)蛇纹石化橄榄岩遭受强韧性剪切形成构造透镜体；(f)蛇纹石化橄榄岩内早期压性逆冲韧性断层被晚期脆性高角度正断层切割。

图 3-14 庙湾蛇绿混杂岩内变质辉长岩-闪长岩与蛇纹石片岩

注：(a)早期弱变形变质辉长岩具层状韵律结构；(b)早期强变形变质辉长岩与蛇纹石片岩呈逆冲断层接触关系；(c)晚期强变形变质闪长岩岩片与蛇纹石片岩呈断层接触关系，早期为逆冲断层，晚期为近直立正断层；(d)蛇纹石片岩逆冲推覆到晚期变质闪长岩之上。

路线二　中～新元古代庙湾蛇绿混杂岩小溪口—梅纸厂—龙嘴子地质观察路线

中～新元古代庙湾蛇绿混杂岩小溪口—梅纸厂—龙嘴子路线地质观察路线位于太平溪—红桂香公路（太-红公路）小溪口—梅纸厂—龙嘴子大桥段，露头良好，各种岩石类型丰富，常见构造变形变质现象。

野外地质观察路线北起龙嘴子大桥南到小溪口老桥，依次出露有以下岩石构造单元：早期中元古代庙湾蛇绿岩序列的变形变质玄武岩、变质辉长岩、变质辉绿岩、变质沉积岩、变质超镁铁质岩（蛇纹石化方辉橄榄岩、纯橄岩等），晚期新元古代岛弧序列的块状弱变形变角闪辉长岩-闪长岩-辉绿岩、中～新元古代变质辉绿-闪长质岩墙群（含变质玄武岩、变质闪长岩、斜长花岗岩岩脉等），以及新元古代变质野复理石-复理石沉积岩系（图 3-1、图 3-15、图 3-16）。

早期中元古代庙湾蛇绿岩序列中的中元古代变质超镁铁质岩，岩性以蛇纹石化纯橄岩、

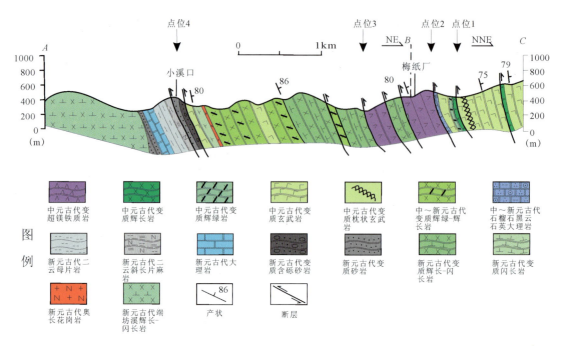

图3-15 中～新元古代庙湾蛇绿混杂岩小溪口—梅纸厂—龙嘴子地质构造剖面图

(据Peng et al.,2012b；Deng et al.,2017，有修改)

蛇纹岩、方辉橄榄岩为主。中元古代似层状细粒斜长角闪片岩(变质玄武岩)、中～细粒角闪斜长片麻岩(变质辉长岩)、细粒斜长角闪片岩(变质辉绿岩)，以及中～新元古代变质沉积岩主要为似层状、条带-条纹状大理岩、石英岩、云母片岩，普遍发育构造片理、片麻理、矿物生长线理和拉伸线理，主要分布于变质超镁铁岩的北侧。新元古代弱变形变质角闪辉长岩-闪长岩岩体(岩脉)和中～新元古代变质辉绿-闪长质岩墙群(含变质玄武岩、变质高镁闪长岩、斜长花岗岩岩脉)，主要分布于变质超镁铁岩南侧。

此外，早期中元古代庙湾蛇绿岩序列中的强变形变质中元古代似层状细粒斜长角闪岩、中元古代中粒角闪斜长片麻岩、细粒斜长角闪片岩(变质辉长岩、变质辉绿岩)、中～新元古代变质沉积岩、中元古代蛇纹石化橄榄岩岩石单元之间均呈断层构造接触关系，并被晚期新元古代早期岛弧序列弱变形变质角闪辉长岩-闪长岩-辉绿岩、中～新元古代变质辉绿-闪长质岩墙群(含变质玄武岩、变质闪长岩、斜长花岗岩岩脉)侵入，之后又遭受新元古代构造变形变质作用的改造。变质镁铁-超镁铁质岩均经历了新元古代强烈韧性变形变质的改造，早期以发育挤压构造背景下形成的透入性韧性变形面理、线理、构造透镜体或构造岩片和高角度A型褶皱为特征，构造走向呈NWW向，倾角近直立，倾向以NNE向为主，构成NWW向展布的蛇绿混杂构造岩系的主体。晚期发育伸展构造背景下形成的脆性变形断裂、节理构造，产状变化较大。

在中～新元古代庙湾蛇绿混杂岩小溪口—梅纸厂—龙嘴子地质观察路线中，笔者重点选择了4个代表性地质分界观察点：①中元古代变质玄武岩与中元古代变质辉长-辉绿岩地质分界观察点；②中～新元古代变质沉积岩与中元古代变质橄榄岩地质分界观察点；③中元

图 3-16　庙湾蛇绿混杂岩内中元古代变形变质玄武岩

注：(a)面理化变形变质玄武岩；(b)面理化变形含石榴石"白眼图"变质玄武岩；(c)变形变质枕状玄武岩，保留似枕状结构；(d)变形变质枕状玄武岩，残留气孔构造；(e)变形变质枕状玄武岩，保留似枕状结构和冷凝边；(f)强变形变质枕状玄武岩。

古代变质橄榄岩与新元古代变质角闪辉长岩-闪长岩-辉绿岩侵入接触观察点；④中～新元古代变质辉绿-闪长质岩墙群与新元古代变质沉积岩地质分界观察点。

教学内容及要求

(1)介绍蛇绿岩基本概念、中～新元古代庙湾蛇绿混杂岩基本组成、形成时代及构造变形变质特征。

(2)观察描述早期中元古代庙湾蛇绿岩序列中的蛇纹石化橄榄岩、变质辉长岩、变质辉绿岩、变质玄武岩、变质沉积岩的岩性、地质接触关系及变形构造特征。

(3)观察描述晚期新元古代岛弧岩浆岩序列中的变质角闪辉长岩-闪长岩-辉绿岩的岩性、地质接触关系及变形构造特征。

(4)观察描述中～新元古代变质辉绿-闪长质岩墙群、变质野复理石-复理石沉积岩的岩性特征和构造变形特征、地质接触关系及变形构造特征。

点位 1 中元古代变质玄武岩与中元古代变质辉长-辉绿岩地质分界观察点

该点位于龙嘴子大桥南侧太-红公路旁,为早期中元古代庙湾蛇绿岩序列的中元古代细粒斜长角闪片岩(原岩为玄武岩)与中—细粒角闪斜长片麻岩(变质辉长-辉绿岩)地质分界观察点(图3-15),两者之间呈构造接触关系。细粒斜长角闪片岩与中—细粒角闪斜长片麻岩呈断层接触关系,该脆性断裂破碎带宽40～50cm,其中可见黄铁矿、黄铜矿、毒砂、磁黄铁矿、透辉石、石榴石夕卡岩矿化。

点南侧为中—细粒角闪斜长片麻岩(变质辉长-辉绿岩),具糜棱结构,片麻状-眼球状构造,糜棱面理和拉伸线理发育,可观察到韧性剪切变形变质形成的角闪石σ型、δ型残斑[图3-17(a)～(c)],基质主要为斜长石、石英。韧性剪切变形变质辉绿岩内还可见斜长花岗岩脉体构造透镜体[图3-17(d)]。在变质辉长-辉绿岩南侧,沿路线剖面还可观察到强烈变形的层状、似层状变质沉积岩(黑云母片岩、石英岩、钙质云母片岩)与细粒斜长角闪片岩(变质玄武岩)互层产出[图3-17(e)],以及枢纽高角度向北西倾斜的次级紧闭A型次级小褶皱[图3-17(f)]。

点位 2 中～新元古代变质沉积岩与中元古代变质橄榄岩地质分界观察点

该点位于梅纸厂北采坑北侧,为早期中元古代庙湾蛇绿岩序列的中～新元古代变质沉积岩与中元古代蛇纹石化橄榄岩地质分界观察点(图3-15),两者之间呈构造接触关系。

点北侧中～新元古代变质沉积岩主要由条带-条纹状石英岩、大理岩和黑云母片岩组成。条带-条纹状石英岩、大理岩和黑云母片岩呈互层状、透镜状、似层状紧密共生,出露总厚度约30m(图3-18)。条带-条纹状变形白—灰白色石英岩与灰绿色大理岩、灰黑色黑云母片岩呈互层接触关系,与变质橄榄岩单元呈断层接触关系[图3-18(a)～(c)]。条带-条纹状变形石英岩、大理岩发育灰黑色黑云母片岩条带呈断续状分布,宽度为2～5cm不等,最大可达10cm,显微镜下显示主要由透辉石、透闪石、角闪石和黑云母等矿物组成,局部可见石榴石矿物残留[图3-18(d)]。笔者推测这套中～新元古代变质沉积岩原岩为一套薄层状硅质-灰质-泥质沉积岩系,并发生强烈变形变质。

点南侧中元古代蛇纹石化橄榄岩主要由黑—灰黑色蛇纹石化方辉橄榄岩、纯橄岩组成,两者紧密共生,宽度约600m,呈透镜状构造岩块、岩片出露于整个杂岩带的中部,与北侧中元古代变质沉积岩呈高角度断层接触关系。在中元古代蛇纹石化变质橄榄岩南侧,还可见

图 3-17 庙湾蛇绿混杂岩内中元古代变质辉长-辉绿岩

注:(a)糜棱岩化辉长岩含浅色长英质脉体;(b)糜棱岩化变质辉长岩;(c)糜棱岩化中粗粒辉长岩;(d)面理化变辉绿岩且含长英质脉体构造透镜体;(e)互层状变质玄武岩与变质泥-硅质沉积岩;(f)变质玄武岩中发育的紧闭褶皱。

新元古代变质角闪辉长岩-闪长岩侵入蛇纹石化方辉橄榄岩。

蛇纹石化方辉橄榄岩、纯橄岩均经历了强烈的挤压构造变形,与条带-条纹状大理岩和黑云母片岩呈构造接触关系[图 3-19(a)];在构造破碎强烈的露头区域,呈构造透镜体形式出露[图 3-19(b)],并遭受了蛇纹石化、滑石化和透闪石化等蚀变作用[图 3-19(c)]。蛇纹石化纯橄岩、方辉橄榄岩两者之间主要呈构造接触关系。因经历了强烈韧性变形作用,一些蛇纹石化橄榄岩发育透入性面理[图 3-19(d)];面理走向的优选方位为 NWW 向,倾角总体呈高角度北东倾,度数为 65°~80°不等。

图 3-18　庙湾蛇绿混杂岩内中～新元古代条带状石英岩和大理岩

注：(a)条带状石英岩-大理岩-黑云母片岩；(b)条带状石英岩；(c)条带状大理岩；(d)条带状石英岩和大理岩呈透镜状，显示发生强烈变形（手标本）。

此外，局部弱变形蛇纹石化橄辉岩或辉橄岩保留了堆晶结构基本特征，可观察到辉石和橄榄石呈韵律堆晶结构[图 3-19(e)、(f)]。在梅纸厂镁橄榄石采厂、天花寺和古村坪等地区，可观察到赋存于蛇纹石化纯橄岩、方辉橄榄岩中的铬铁矿，它们呈层状、浸染状分布，形态主要为豆荚状和同心环状（图 3-20）。

 点位 3　中元古代变质橄榄岩与新元古代变质角闪辉长岩-闪长岩-辉绿岩侵入接触观察点

该点位于梅纸厂村南侧公路旁，为中～新元古代庙湾蛇绿混杂岩内的新元古代早期岛弧岩浆岩（1.0～0.97Ga），与中元古代变质橄榄岩（约 1.1Ga）之间呈侵入接触关系观察点（图 3-15）。

新元古代岛弧岩浆岩岩石类型主要由变质角闪辉长岩-闪长岩-辉绿岩等构成。变质角闪辉长岩主要呈块状、层状构造，中粗粒辉长结构；变质辉绿岩主要呈块状构造和细粒辉绿结构。虽然均经历了角闪岩相变质作用，但相对于早期强变形蛇纹石化纯橄岩、方辉橄榄

图 3-19 庙湾蛇绿杂岩内中元古代蛇纹石化橄榄岩

注:(a)蛇纹石化橄榄岩与条带-条纹状大理岩和黑云母片岩呈构造接触关系;(b)逆冲变形蛇纹石化橄榄岩构造透镜体;(c)变形蛇纹石化纯橄榄岩;(d)变形蛇纹石化方辉橄榄岩;(e)蛇纹石化橄辉岩堆晶结构;(f)蛇纹石化辉橄榄岩堆晶结构。

岩、变质玄武岩和韧性变形变质辉长岩而言,变质辉长岩和变质辉绿岩的变形程度总体都更弱,局部可见变辉长岩侵入蛇纹石化方辉橄榄岩[图 3-21(a)、(b)]。

新元古代块状变质角闪辉长岩、变质闪长岩通常呈浅黑灰色,块状构造,与块状辉绿岩

图 3-20 蛇纹石化橄榄岩中的铬铁矿

注：(a)蛇纹石化方辉橄榄岩中的豆荚状铬铁矿；(b)蛇纹石化纯橄榄岩中的豆荚状铬铁矿；(c)蛇纹石化纯橄榄岩中发育的浸染状铬铁矿；(d)蛇纹石化纯橄榄岩中的同心环状铬铁矿；(e)含浸染状铬铁矿蛇纹石化纯橄榄岩手标本；(f)含层状铬铁矿蛇纹石化纯橄榄岩手标本。

呈相互侵入穿切关系[图 3-21(c)、(d)]，表明两者形成于同一时期。伟晶高镁闪长岩中长柱状角闪石斑晶粒径约为 1cm×4cm，最大可达 2cm×6cm[图 3-21(e)]。此外，局部还可见伟晶闪长岩中包含有微粒角闪岩包体，可能属岩浆不完全混合的产物[图 3-21(f)]。

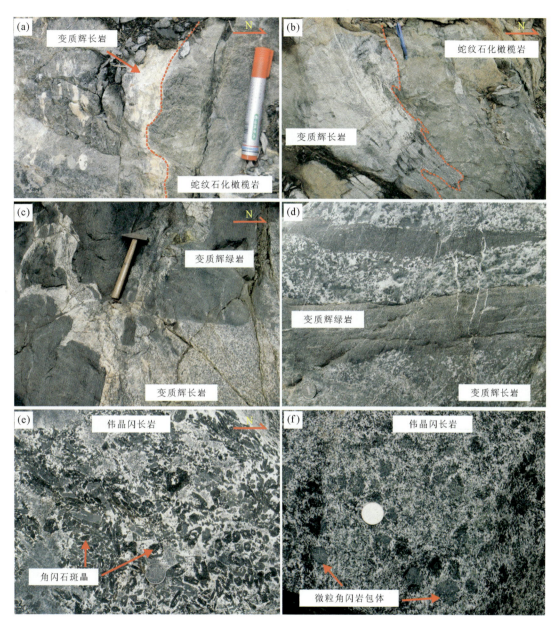

图 3-21 庙湾蛇绿混杂岩内新元古代弱变形变质辉长-辉绿岩

注:(a)变质辉长岩侵入蛇纹石化橄榄岩;(b)变质辉长岩侵入蛇纹石化橄榄岩;(c)变质辉长岩及辉绿岩相互侵入接触关系;(d)变质辉绿岩侵入切穿变质辉长岩;(e)伟晶闪长岩内角闪石斑晶;(f)伟晶闪长岩内中包含微粒角闪岩包体。

点位 4 中～新元古代变质辉绿-闪长质岩墙群与新元古代变质沉积岩地质分界观察点

该点位于小溪口村委会老桥北侧,为庙湾蛇绿混杂岩内中～新元古代变质辉绿-闪长质岩墙群与新元古代变质野复理石-复理石沉积岩地质分界观察点(图3-15)。点北侧为中～新元古代变质辉绿-闪长质岩墙群(图3-22)，点南侧为一套新元古代变质野复理石-复理石沉积岩系，两者之间呈构造接触关系。

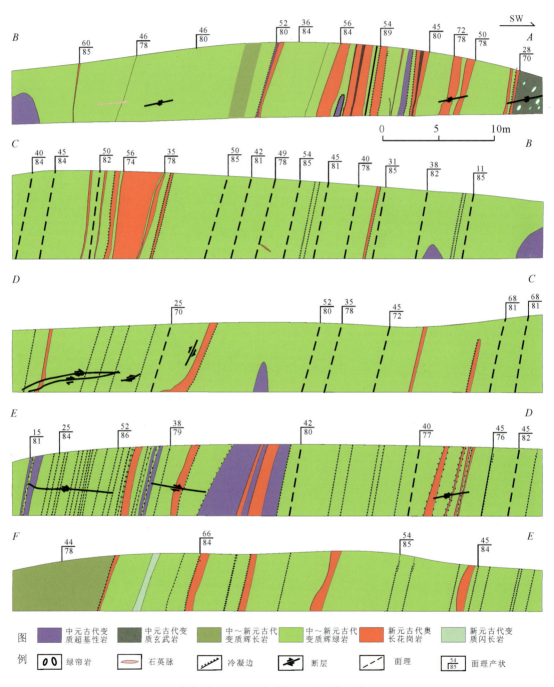

图3-22 庙湾蛇绿混杂岩小溪口基性岩墙群大比例尺剖面图(据 Deng et al., 2012, 有修改)

点北侧中～新元古代变质辉绿-闪长质岩墙群总出露厚度约450m,按照1∶100的比例进行高精度大比例尺填图,填图结果如图3-22。岩墙群出露的岩石类型主要包括变质辉绿岩-闪长岩和斜长花岗质岩脉[图3-23(a)、(b)],其次还发育少量变质超镁铁岩团块、变质辉长岩、高质镁闪长岩、绿帘岩[图3-23(c)、(d)]。

图3-23 庙湾蛇绿混杂岩小溪口地区变中基性席状岩墙群

注:(a)变质辉绿岩墙群;(b)斜长花岗岩脉侵入穿插辉绿岩脉;(c)变质辉绿岩墙中的蛇纹石化橄榄岩透镜体;(d)变质辉绿岩中的绿帘岩透镜体;(e)变质辉绿岩墙群内发育冷凝边结构;(f)变质辉长岩和斜长花岗岩呈相互侵入关系。

变质辉绿岩脉宽度从几厘米到十几厘米不等，由于遭受后期强烈变形变质作用改造，在大部分露头处已很难观察到冷凝边结构，仅在变形较弱区域保留有典型现象。岩墙群中辉绿岩墙冷凝边结构以双向为主，但也发育少量的单向冷凝边[图3-23(e)]。斜长花岗岩也呈脉状，宽度从几厘米到几十厘米不等，最宽处可达4.5m，大多数侵入变辉绿质岩脉中，少数呈相互穿切关系[图3-23(b)]。同时，在岩墙群的底部可观察到斜长花岗岩侵入变形变质辉长岩[图3-23(f)]，这可能代表下伏变质辉长岩和岩墙群之间的转换带位置。野外露头显示庙湾蛇绿杂岩变质辉绿-闪长质岩墙群变形强烈，且遭受了后期脆性断裂构造的影响。

点南侧新元古代变质野复理石-复理石沉积岩是中～新元古代庙湾蛇绿杂岩带中的重要构造变形变质岩石单元，可能代表庙湾蛇绿混杂岩逆冲到大陆边缘的基底冲断带(Jiang et al.,2012;Peng et al.,2012b)。变质野复理石-复理石沉积岩出露宽度约300m，发育韧性剪切带、高角度逆冲断层和宽缓褶皱等构造变形，并且大面积片理化(图3-24)。在该点北侧可观察到不同岩性、不同时代的岩石单元堆叠在一起，形成局部的构造混杂，但在南侧，岩性和构造则相对简单，表明其构造作用逐渐减弱。从北东往南西依次出露的岩石单元序列如下。

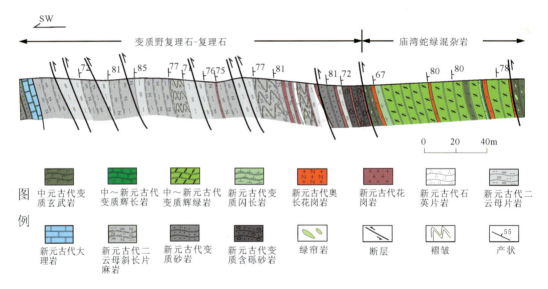

图3-24　庙湾蛇绿混杂岩基底冲断带大比例尺(1∶200)地质图(蒋幸福,2014)

(1)新元古代变质野复理石建造。首先，出露宽度不到30m，变形变质作用强烈，岩石单元混杂。岩性主要为二云母斜长片麻岩、二云母片岩、白云母石英片岩、变质砂岩。其次，在新元古代变质野复理石建造与中～新元古代变中基性岩墙群断层接触带北侧，还发育有变质砂岩透镜体、绿帘岩透镜体、斜长花岗岩(奥长花岗岩)透镜体、晚期的花岗岩脉和石英脉[图3-25(a)、(b)]。这些不同时代、不同岩性和不同来源的岩石单元混杂在一起，组成一套变质野复理石建造。变质野复理石建造不仅经历了高角度脆性逆冲断层作用，也遭受了强烈韧性变形变质作用的改造。

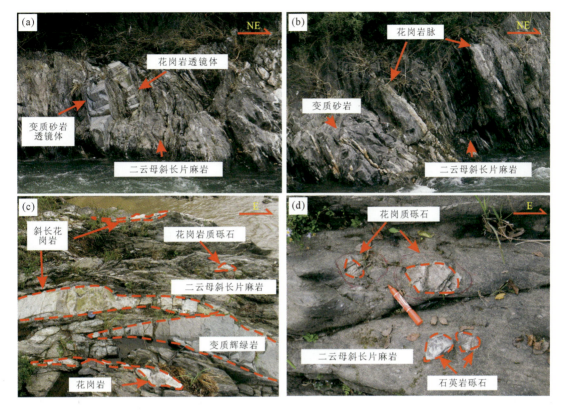

图 3-25 新元古代变质野复理石建造

注：(a)变质野复理石建造中的混杂单元，包含二云母斜长片麻岩、变质砂岩透镜体、斜长花岗岩透镜体；(b)变质野复理石建造中包含二云母斜长片麻岩、变质砂岩、斜长花岗岩透镜体，且被花岗岩脉侵入；(c)变质野复理石建造中包含二云母斜长片麻岩、变质砂岩透镜体、斜长花岗岩透镜体或砾石等；(d)二云母斜长片麻岩中的花岗质砾石和石英岩砾石。

此外，在变辉绿岩-变玄武岩与二云母斜长片麻岩、二云母片岩、白云母石英片岩过渡带，可观察到大量的变质砂岩透镜体、斜长花岗岩、花岗岩脉和石英脉，以及棱角状—次棱角状大小不一的弱或未变形的花岗质砾石和石英岩砾石（图3-25）。这些砾石的粒径大小差别较大，花岗质砾石直径为 5～10 cm 不等，最大可达 20cm，而石英岩砾石相对较小，为 3～7 cm。

(2)新元古代野复理石-复理石序列。岩性主要为一套二云母片岩、变质砂岩等变沉积岩组合，同时可见少量花岗岩透镜体和石英脉沿变沉积岩中面理分布[图 3-26(a)～(b)]，且被新元古代晚期浅色花岗岩脉侵入切穿。该岩石序列发育宽缓褶皱和一系列高角度逆冲断层，逆冲断层产状与宽缓褶皱的轴面产状一致，倾向均为 NE 向，与庙湾蛇绿杂岩的整体变形特征一致。因此，前者可能反映了杂岩带仰冲构造侵位的方位，并导致变沉积岩中宽缓褶皱的形成[图 3-26(c)～(e)]。

(3)被动大陆边缘序列,其岩性主要为变质碳酸盐岩,虽然发育有褶皱构造[图3-26(f)],但岩性比较单一,也少见花岗岩脉和石英脉体,可能形成于稳定的大陆边缘环境,并被新元古代黄陵花岗岩侵入。

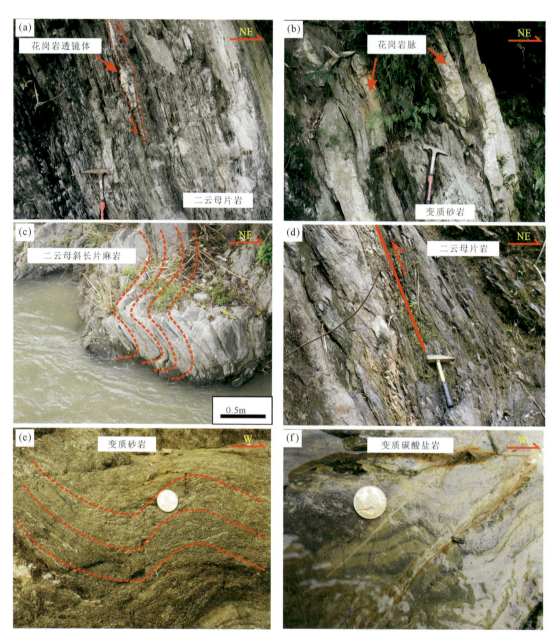

图3-26 新元古代复理石序列和被动大陆边缘序列

注:(a)二云母片岩中的花岗岩透镜体;(b)变质砂岩被晚期浅色花岗岩脉侵入切穿;(c)二云母斜长片麻岩中的褶皱构造;(d)二云母片岩中的高角度逆冲断层;(e)变质砂岩中的褶皱构造;(f)变质碳酸盐岩中的褶皱构造。

第四章 黄陵穹隆基底新元古代伸展岩石与构造——黄陵花岗侵入杂岩体

第一节 黄陵穹隆新元古代侵入杂岩体地质研究背景

黄陵新元古代侵入杂岩体主要指出露于黄陵穹隆基底南部以新元古代侵入花岗岩为主的侵入杂岩体,也称黄陵花岗岩岩基、黄陵复式花岗侵入岩体,分布面积约970km²,占黄陵基底近2/3的面积,主要由端坊溪、茅坪、黄陵庙、大老岭等花岗侵入岩系(超单元、岩套、序列、岩系)组成,形成时代介于865~790Ma之间,其上被南华~震旦系沉积地层不整合覆盖。

一、黄陵穹隆新元古代侵入岩单元—超单元划分

新元古代花岗岩侵入杂岩体是黄陵穹隆变质结晶基底的重要组成部分。在鄂西地质大队完成的1:5万新滩东半幅、莲沱西半幅、过河口东半幅、三斗坪西半幅区域地质填图(1991),湖北省地质调查研究院完成的1:25万宜昌市幅、建始幅区域地质填图(2006),以及1:25万荆门市幅区域地质填图(2005),武汉地调中心完成的1:5万莲沱幅、三斗坪幅区域地质填图(2012),以及马大铨等(1997;2002)、Wei等(2012)等学者对黄陵穹隆新元古代侵入杂岩体研究和划分的基础上,笔者按单元—超单元花岗岩谱系划分,将黄陵新元古代侵入杂岩从老到新划分为:端坊溪、茅坪、黄陵庙、大老岭和晓峰5个岩浆岩超单元,其中茅坪、黄陵庙和大老岭超单元是面积最大的3个花岗岩超单元(图1-2,表4-1)。

(一)端坊溪超单元(Pt_3DF)

端坊溪超单元主要分布于太平溪镇端坊溪、寨包,以及小溪口西南一带,总体呈NWW向,主要由辉石闪长岩、闪长岩(变质辉长岩-角闪辉长岩)组成,中细粒等粒结构,块状构造,具较弱的绿泥石化、绿帘石化、绢云母化等,其形成时代早于870Ma。根据岩性、结构、构造和接触关系等划分为2个侵入单元。

表 4-1 黄陵穹隆基底新元古代侵入岩划分对比表

1:5万区调报告(1991,1994)		马大铨等(1997;2002)			1:25万区调报告(2006)			1:5万区调报告(2012)			本研究			同位素年龄
超单元	单元	主要岩性	岩套	单元	主要岩性	超单元	单元	主要岩性	序列	侵入体	主要岩性	超单元	侵入体	主要岩性	
七里峡	七里峡岩墙群	花岗斑岩、花岗闪长斑岩	晓峰	七里峡	花岗斑岩、花岗闪长斑岩	七里峡岩墙群	七里峡	花岗斑岩、花岗闪长斑岩	晓峰	七里峡岩墙群	花岗斑岩、花岗闪长斑岩	晓峰	七里峡岩墙群	花岗斑岩、花岗闪长斑岩、辉绿岩-闪长玢岩	806~797Ma[1] 804Ma[2]
大老岭	黄家冲	中粗粒钾长花岗岩	大老岭	马漕沟	中细粒含石榴二云二长花岗岩	华山观	黄家冲	中粗粒钾长花岗岩	华山观	黄家冲	中粗粒钾长花岗岩	大老岭	马漕沟	中粗粒正长花岗岩	
	王家山	中(细)粒含黑云母二长花岗岩					王家山	中细粒黑云母二长花岗岩		王家山	中细粒黑云母二长花岗岩			中细粒含石榴二云二长花岗岩	795Ma[4] 826Ma[5]
	马漕沟	中细粒含石榴二云二长花岗岩					马漕沟	中细粒黑云母二长花岗岩		马漕沟	中细粒黑云母二长花岗岩				
	田家坪	似斑状角闪黑云二长花岗岩					田家坪	似斑状角闪黑云二长花岗岩		田家坪	似斑状角闪黑云二长花岗岩		田家坪	似斑状角闪黑云二长花岗岩	
	鼓浆坪	不等粒黑云二长花岗岩					鼓浆坪	不等粒黑云二长花岗岩		鼓浆坪	黑云二长花岗岩		鼓浆坪	黑云二长花岗岩	
	凤凰坪	角闪黑云石英二长花岗岩					凤凰坪	角闪黑云石英二长花岗岩		凤凰坪	角闪黑云石英二长花岗岩		凤凰坪	角闪黑云石英二长花岗岩	
	龙潭坪	细粒斑状黑云母花岗岩					陈家湾	中细粒斑状黑云母斜长花岗岩		龙潭坪*	细粒斑状黑云母花岗岩		龙潭坪*	细粒斑状黑云母花岗岩	844Ma[1]
	陈家湾	中粒斑状黑云斜长花岗岩					金龙沟*	中细粒闪长岩		金龙沟*	中细粒闪长岩		金龙沟*	中细粒闪长岩	
黄陵庙	总溪坊	中粒黑云母花岗岩	黄陵庙	下堡坪	淡色似斑状黑云花岗闪长岩	黄陵庙	总溪坊	中粒二长花岗岩	黄陵庙	总溪坊*	中粒黑云母花岗闪长岩	黄陵庙	总溪坊*	中粒黑云母花岗闪长岩	
	内口	中粒斑状黑云花岗岩		蛟龙寺	淡色似斑状黑云花岗闪长岩		内口	中粒斑状黑云花岗闪长岩		内口	中粒斑状花岗闪长岩		内口	中粒似斑状花岗闪长岩	835Ma[3]
										茅坪沱	中粒含斑花岗闪长岩		茅坪沱	中粒含斑花岗闪长岩	844Ma[1]
	鹰子咀	中粒花岗闪长岩					鹰子咀	中粒花岗闪长岩		鹰子咀	中粒花岗闪长岩		鹰子咀	中粒花岗闪长岩	850Ma[1]
	路溪坪	中细粒含角闪石英奥长花岗岩		乐天溪	含角闪石黑云奥长花岗岩		路溪坪	中细粒含角闪石英斜长花岗岩		路溪坪	中粒奥长花岗岩		路溪坪	中粒奥长花岗岩	852Ma[1]
茅坪	王良楚湾	中细粒角闪黑云英云闪长岩	三斗坪	小溪口	中细粒黑云英云闪长岩	茅坪	小溪口	中细粒角闪黑云英云闪长岩(脉)	茅坪	小溪口	中细粒角闪黑云英云闪长岩(脉)	茅坪	小溪口	中细粒角闪黑云英云闪长岩(脉)	
	金盘寺	粗中粒含黑闪黑云英云闪长石		堰湾	粗中粒含黑云英云闪长石		金盘寺	粗中粒角闪黑云英云闪长岩		金盘寺	粗中粒角闪黑云英云闪长岩		金盘寺	粗中粒角闪黑云英云闪长岩	842Ma[1]
	三斗坪	中粒角闪黑云英云闪长岩		西店咀	角闪黑云英云闪长岩		三斗坪	中粒黑云英云闪长岩		三斗坪	中粒黑云角闪英云闪长岩		三斗坪	中粒黑云角闪英云(石英)闪长岩	863Ma[1] 844~838Ma[3]
	东岳庙	中细粒角闪黑云石英闪长岩					太平溪	粗中粒黑云角闪石英闪长岩		太平溪	粗中粒黑云角闪石英闪长岩		太平溪	粗中粒黑云角闪石英闪长岩	
	太平溪	粗中粒黑云英云闪长岩		太平溪	粗中粒黑云英云闪长岩											
	中坝	中细粒角闪石英闪长岩		美人沱	中细粒石英闪长岩		中坝	中细粒角闪石英闪长岩		中坝	中细粒石英闪长岩		中坝	中细粒石英闪长岩	
	文昌阁	中细粒角闪石英闪长岩													
	肚脐湾	粗粒角闪石英闪长岩					肚脐湾*	粗中粒石英闪长岩		肚脐湾	变质粗中粒石英闪长岩		肚脐湾	变质粗中粒石英闪长岩	
端坊溪	寨包	细粒闪长岩		肖家猪	石英辉长岩	端坊溪	寨包	中细粒石英闪长岩	端坊溪	寨包	变质细粒石英闪长岩	端坊溪	寨包	变质细粒石英闪长岩	>870 Ma
	垭子口	中粒角闪闪长岩					垭子口	中粒角闪闪长岩		垭子口	变辉长岩		垭子口	变辉长岩	

注：1. 资料来源于湖北省地质局鄂西地质大队、湖北省地调院、武汉地质调查中心。2. *代表独立单元或侵入体。3. 表中引文如下：[1]SHRIMP锆石U-Pb年龄，据Wei et al.，2012；[2]SHRIMP锆石U-Pb年龄，武汉地质调查中心，2012；[3]黑云母/角闪石$^{40}Ar/^{39}Ar$年龄，据李益泰等，2007；[4]ICP-MS锆石U-Pb年龄，据凌文黎等，2006；[5]SHRIMP锆石U-Pb年龄，据Zhao et al.，2013；[6]LA-ICP-MS锆石U-Pb年龄，据Zhang et al.，2008；[7]SHRIMP锆石U-Pb年龄，据Zhang et al.，2008。

1. 垭子口单元(Pt_3Y)

1) 地质特征

垭子口单元由垭子口、陈枇垭、纸坊埔等3个侵入体组成，出露面积为6.7km²，侵入于中~新元古代小渔村岩组，接触界面近直立，略向侵入岩内倾，侵入岩内面理与接触界面及围岩面理产状协调一致，部分侵入中~新元古代庙湾岩组（即庙湾蛇绿混杂岩），局部被茅坪超单元侵入穿插。

2)岩石特征

垭子口单元主要由变质中细粒辉长岩组成,局部暗色矿物分布不均匀,呈花斑状。矿物组成为斜长石(70%～75%)、普通角闪石(20%～25%)、黑云母(1%～2%)、辉石(5%～6%)。斜长石(An=48.3)呈他形—半自形粒状,具钠长石双晶,偶见肖钠双晶,多被钠奥长石取代;普通角闪石为半自形粒状,具淡黄绿—绿色多色性,其中偶见紫苏辉石、普通辉石残晶。

岩石副矿物种类少,磁铁矿占据主导,次为黄铁矿、磷灰石。岩体中包体发育,主要包体类型有斜长角闪岩、角闪岩、黑云斜长片麻岩等,并与围岩崆岭群具相似性,包体与围岩呈渐变、截变关系。垭子口单元地球化学特征显示,其原岩属深成岩浆岩。由垭子口单元被茅坪超单元侵入穿插的地质特征可知,其形成时代应早于870Ma。

2. 寨包单元(Pt_3Z)

1)地质特征

寨包单元由寨包、长岭、横院子、花栗树包4个侵入体组成,出露面积为14.6km^2,侵入垭子口单元,接触界面清晰,呈港湾状,向内倾斜,内接触带可见宽约1m的密集叶理带。西部震旦系莲沱砂岩沉积呈角度不整合覆盖。

2)岩石特征

寨包侵入单元主要由变质细中粒辉长岩构成,矿物组成为斜长石(59%～60%)、普通角闪石(32%～33%)、辉石(1%～2%)、黑云母(1%～2%)。斜长石(An=48.5)呈半自形板条状,钠长石双晶发育;紫苏辉石呈他形粒状—柱粒状,多被角闪石交代,呈港湾状,与透辉石一起在侵入体中不均匀分布。

岩石副矿物种类较少,磁铁矿占主导,次为黄铁矿、磷灰石等。岩体中包体较少,主要为角闪石岩,斜长角闪岩多分布于内接触带附近。根据侵入接触关系,其形成时代应略晚于垭子口变中细粒辉长岩。

(二)茅坪超单元(Pt_3MP)

茅坪超单元位于黄陵穹隆西南部,前人称它为三斗坪岩套,分布于茅坪、三斗坪、龙潭坪、黄家冲一带,总体呈NNW向展布,西北侧侵入崆岭群中～新元古代庙湾岩组(即庙湾蛇绿混杂岩),南端被南华系莲沱组砂岩沉积角度不整合掩盖,东侧被黄陵庙超单元超动(斜切式)侵入。茅坪超单元主要岩性为英云闪长岩-石英闪长岩,具细—粗粒不等粒结构,块状构造,主要矿物为斜长石、角闪石、石英、黑云母等。岩体中暗色闪长质包体发育。茅坪超单元地球化学特征显示,它属于次铝质钙碱性中性岩。

根据岩性、矿物成分、结构构造、包体及接触关系等特征,茅坪超单元可划分为:中坝、太平溪、三斗坪、金盘寺4个岩浆侵入单元。

1. 中坝单元(Pt$_3$Zb)

1)地质特征

中坝单元总体呈近 SN—NE 向弧形展布。西侧侵入中~新元古代庙湾岩组,南段被震旦系莲沱砂岩沉积角度不整合覆盖,东侧与太平溪单元呈平行式侵入不整合接触,南东侧被三斗坪单元超动(斜切式)侵入。

2)岩石特征

中坝单元主要岩性为中细粒黑云角闪石英闪长岩,中细粒结构,似片麻状构造、块状构造,主要矿物有斜长石(54%~55%)、普通角闪石(32%~33%)、石英(10%~11%)、黑云母(2%~3%)。该岩石中副矿物类型少,磁铁矿占主导,含少量锆石、磷灰石、黄铁矿等。岩体中暗色包体非常发育,主要有暗色闪长质包体、斜长角闪质包体、黑云角闪斜长片麻岩包体,后两类暗色包体特征与古元古代小渔村岩组、中~新元古代庙湾岩组相似,且多产于内接触带附近。暗色包体常成带产出或孤立产出,与围岩呈急变或渐变过渡接触,偶见包体具黑云母环边。根据侵入接触关系,中坝单元形成时代应早于三斗坪侵入单元,晚于寨包侵入岩体。

2. 太平溪单元(Pt$_3$T)

1)地质特征

太平溪单元呈近 SN—NNE 向带状展布,南东侧被三斗坪单元侵入穿切,北侧侵入崆岭群。

2)岩石特征

太平溪侵入单元主要岩性为中粗粒黑云角闪石英闪长岩,中粗粒结构,块状构造,主要矿物有斜长石(64%~66%)、石英(14%~16%)、普通角闪石(11%~13%)、黑云母(5%~6%)。岩石副矿物种类较少,磁铁矿占主导,磷灰石、褐帘石含量较高。岩体中包体发育,主要为闪长质包体,呈长条状、透镜状产出,外形圆滑,多呈条带状、似片麻状密集产出,带宽一般为 3~5m 不等,其成分与中坝单元中闪长质包体相近。

根据侵入接触关系,太平溪单元形成时代应早于三斗坪单元(862±9Ma),但晚于中坝岩体。

3. 三斗坪单元(Pt$_3$S)

1)地质特征

三斗坪单元主要分布于三斗坪、王良楚垭一带,呈近 SN 向展布,为茅坪超单元中分布面积最大的侵入单元。三斗坪单元北部侵入中~新元古代庙湾岩组,南侧被南华系莲沱砂岩沉积角度不整合覆盖,东侧被金盘寺单元、路溪坪单元侵入。

2)岩石特征

三斗坪侵入单元主要岩性为中粒黑云角闪英云(石英)闪长岩,以中粒结构为主,块状构造,长英质矿物粒径为2～4mm,少量可达5mm。主要矿物由斜长石(55%～65%)、石英(10%～18%)、黑云母(12%～20%)、普通角闪石(5%～10%)等组成。常见副矿物为磁铁矿,次为磷灰石、钛铁矿、褐帘石、锆石等,锆石颜色较杂,以玫瑰色、浅黄色为主。岩体中包体较发育,常见暗色闪长质、斜长角闪岩质包体。三斗坪单元地球化学特征显示,它属于过铝质钙碱性花岗岩。

三斗坪单元侵入中～新元古代庙湾岩组,又被黄陵庙超单元侵入。三斗坪单元获得的锆石SHRIMP U-Pb成岩年龄为862±9Ma。

4. 金盘寺单元(Pt_3J)

1)地质特征

金盘寺侵入单元呈NNW向带状展布,西侧与三斗坪单元呈涌动侵入接触,南侧被南华系沉积角度不整合覆盖,东侧被路溪坪单元岩体侵入。

2)岩石特征

金盘寺侵入单元主要岩性为中粗粒角闪黑云英云闪长岩,中粗粒结构,块状构造。主要矿物有斜长石(55%～62%)、石英(12%～20%)、黑云母(12%～18%)、普通角闪石(7%～12%)。常见副矿物为磁铁矿、磷灰石、锆石、褐帘石等。岩体中常见闪长质、斜长角闪岩质包体,多呈单体出现,包体外形圆滑,边缘偶见黑云母晕圈。金盘寺单元地球化学特征显示,它属于铝质钙碱性花岗岩。

金盘寺单元侵入中～新元古代庙湾岩组、茅坪超单元,后被黄陵庙超单元侵入。金盘寺单元获得的锆石SHRIMP U-Pb成岩年龄为842±10Ma。

(三)黄陵庙超单元(Pt_3HL)

黄陵庙超单元构成黄陵花岗岩岩基的主体部分,分布面积最广,主要分布于鹰子咀、内口、古城坪等地,西侧侵入茅坪超单元,南端被南华系莲沱砂岩沉积角度不整合覆盖。黄陵庙超单元总体具细—粗中粒、等粒或似斑状结构,块状构造,各侵入岩体中包体类型单调,零星出露。

根据岩石成分、结构、构造及接触关系等,黄陵庙超单元可划分为路溪坪、鹰子咀、内口和茅坪沱4个侵入单元。

1. 路溪坪单元(Pt_3L)

1)地质特征

路溪坪单元呈NNW—NW向带状展布。该单元斜切式侵入茅坪超单元中的金盘寺单元,并侵入中元古代庙湾岩组,东侧与鹰子咀单元中粒花岗闪长岩多呈涌动侵入接触,局部地方为脉动侵入接触,其他被南华纪或震旦纪地层角度不整合覆盖。

2)岩石特征

路溪坪单元主要岩性为中细粒黑云奥长花岗岩(斜长花岗岩),部分为英云闪长岩,中细粒花岗结构,块状构造。矿物组成为斜长石(64%～68%)、石英(24%～30%)、黑云母(4%～8%)、角闪石(1%～3%)、钾长石(2%～5%)。副矿物有磁铁矿,少量独居石、石榴石、锆石等。岩体内偶见粗中粒黑云石英闪长岩、中细粒黑云英云闪长岩包体,与崆岭群接触处可见斜长角闪岩、黑云斜长片麻岩包体。路溪坪单元地球化学特征显示,它属于铝过饱和型钙碱性花岗岩。

路溪坪单元侵入中～新元古代庙湾岩组、茅坪超单元,后被鹰子咀单元侵入。路溪坪单元获得的锆石 SHRIMP U-Pb 成岩年龄为 852 ± 12 Ma。

2. 鹰子咀单元(Pt_3Y)

1)地质特征

鹰子咀单元分布于鹰子咀一带,空间上呈环状分布,东侧为北西向分布的6个小岩体,西侧为一呈 NW 向带状展布的大岩体。该单元涌动侵入路溪坪单元,后被茅坪沱单元涌动侵入,最后又被内口单元脉动侵入。

2)岩石特征

鹰子咀单元主要岩性为中粒黑云花岗闪长岩,中粒结构,块状构造。矿物粒径为2～5mm,矿物组成为斜长石(50%～55%)、石英(25%～30%)、钾长石(8%～15%)、黑云母(4%～5%)。副矿物以磁铁矿为主,约占总量的98%;次为磷灰色、锆石及褐帘石。常见暗色闪长质包体,偶见斑状黑云石英闪长质、中细粒黑云英云闪长质包体,与崆岭群接触处可见斜长角闪岩、片麻岩包体。鹰子咀单元地球化学特征显示,它属于铝过饱和型钙碱性花岗岩。

鹰子咀单元与路溪坪单元、茅坪沱单元呈涌动接触,后被内口单元侵入。鹰子咀单元获得的锆石 SHRIMP U-Pb 成岩年龄为 850 ± 4 Ma。

3. 茅坪沱单元(Pt_3M)

1)地质特征

茅坪沱单元分布于乐天溪附近的茅坪沱一带,与鹰子咀单元、内口单元均呈脉动侵入接触。

2)岩石特征

茅坪沱单元主要岩性为中粒含斑黑云花岗闪长岩,似斑状结构,块状构造。斑晶主要为石英聚斑晶和少量斜长石斑晶,钾长石斑晶少见。矿物粒径为2～5mm,矿物组成为斜长石(55%～60%)、石英(28%～35%)、钾长石(3%～8%)、黑云母(3%～5%)。副矿物以磁铁矿为主,其他副矿物含量很低。岩体内常见暗色粗粒闪长质包体,偶见斑状黑云石英闪长质、中细粒黑云英云闪长质包体,与崆岭群侵入接触处常见斜长角闪岩、片麻岩包体。茅坪沱单元地球化学特征显示,它属于铝过饱和型钙碱性花岗岩。

茅坪沱单元中粒含斑黑云花岗闪长岩以含斜长石斑晶、石英聚斑晶为主,以钾长石斑晶少与鹰子咀单元中粒花岗闪长岩单元相区分,内口单元中粒似斑状花岗闪长岩则以钾长石斑晶为主,斑晶含量大于10%,且钾长石斑晶较大。

茅坪沱单元侵入中～新元古代庙湾岩组,并侵入鹰子嘴单元、内口单元。茅坪沱单元获得的锆石 SHRIMP U-Pb 成岩年龄为 844±11Ma。

4. 内口单元(Pt_3N)

1) 地质特征

内口单元主要分布于乐天溪、古城坪、钟鼓寨一带,与茅坪沱单元呈涌动侵入接触关系,并与总溪坊单元呈脉动侵入接触关系。

2) 岩石特征

内口单元主要岩性为中粒似斑状黑云花岗闪长岩,部分地段钾长石含量偏高,可定名为中粗粒似斑状黑云母(二云母)二长花岗岩,似斑状结构,块状构造,钾长石斑晶常见结晶环带构造。矿物粒径为 2～5mm,矿物组成为斜长石(52%～55%)、石英(28%～33%)、钾长石(10%～20%)、黑云母(3%～5%),含极少量白云母。副矿物以磁铁矿为主,含少量褐帘石、榍石、锆石等。岩体发育不同类型的黑云石英闪长质包体、闪长质包体等暗色包体,一般呈次圆—次棱角状,与寄主岩呈渐变接触关系。内口单元地球化学数据显示,它属于铝过饱和型钙碱性花岗岩。

内口单元侵入鹰子咀单元,涌动侵入茅坪沱单元。内口单元获得的锆石 SHRIMP U-Pb成岩年龄为 835±14Ma。

(四) 大老岭超单元(Pt_3DL)

大老岭超单元主要分布于黄陵新元古代花岗岩侵入杂岩体西北部大老岭林场一带,包含4个岩浆侵入单元,西部被震旦系不整合覆盖,北、东、南三面侵入黄陵庙超单元,形成时代为 826～795Ma(凌文黎等,2006;Zhao et al.,2013)。

1. 凤凰坪单元(Pt_3F)

凤凰坪单元岩性为角闪黑云石英二长闪长岩,分布于大老岭超单元东北缘,总体呈弧形。色率较高,中粒结构,块状构造(局部呈条带状),微具面状构造。

2. 田家坪单元(Pt_3T)

田家坪单元岩性为似斑状角闪黑云二长花岗岩,近 EW 向分布,以含大量粗大的钾长石斑晶及明显的角闪石区别于鼓浆坪单元,两者直接接触关系未被查明。两个单元相比,田家坪单元的色率和角闪石含量较高,而 SiO_2 含量较低,按岩浆演化规律,推测田家坪单元形成时代应早于鼓浆坪单元。

3. 鼓浆坪单元(Pt_3G)

鼓浆坪单元岩性为黑云二长花岗岩,是大老岭超单元最大的岩体单元,主要分布于之子拐、大老岭林场场部、天柱山、长冲及其以西地区,与凤凰坪单元呈超动(斜切式)侵入接触关系,有时也可见渐变过渡关系。

4. 马滑沟单元(Pt_3M)

马滑沟单元岩性为含石榴石二长花岗岩,主要分布于马滑沟等地区,包括马滑沟、沙坪、龙潭寺等岩体,以及许多未圈入的岩脉状小岩体。该单元分别侵入黄陵庙超单元、茅坪超单元,未见与大老岭超单元等其他单元接触。根据结构、矿物成分特点,暂将它置于大老岭超单元最晚的侵入单元。

(五)晓峰超单元(Pt_3XF)

晓峰超单元也称为晓峰岩套、七里峡岩墙群,表现为一系列密集侵入的岩墙(岩脉)群,单个脉体规模较小,但数量多,岩性变化大,走向以 NE 向为主,其次为 NW 向,倾角多大于 70°,以近直立为主。北、西、南侧分别与路溪坪单元和内口单元呈侵入接触。岩墙群形成时代介于 817～790Ma 之间。

晓峰岩墙(岩脉)群岩性可分为酸性岩和中—基性岩两大类,主要岩石类型有花岗斑岩、花岗闪长斑岩,以及细粒闪长岩、闪长玢岩、辉绿岩。岩墙(岩脉)边界清晰,岩墙、岩脉之间呈相互侵入穿插关系。总体来看,这套不同岩性的岩墙相互穿插,形成时代基本一致。

黄陵穹隆地区晓峰超单元岩墙(岩脉)群接触界面大多近直立,互相穿插,常见冷凝边等岩浆侵入构造现象,主要受 NE 向和 NW 向两组断裂控制,属典型岩墙扩张侵位,表明该时期已进入地壳伸展构造演化阶段。

二、黄陵穹隆新元古代花岗岩成因及构造背景

华南新元古代岩浆作用在地质演化历史上具有非常重要的地位,是全球新元古代罗迪尼亚超大陆聚合与裂解事件的重要地质记录,并与新元古代"雪球地球"等重大地质事件密切相关。我国华南扬子克拉通(地块)及周缘地区是新元古代岩浆岩最主要的分布地区,广泛发育新元古代岩浆岩及火山-沉积岩,其岩浆岩形成时代主要集中于 865～750Ma 之间,形成了以酸性岩浆岩为主、中—基性岩浆岩为辅的特点。但是,目前学术界对新元古代岩浆作用的成因构造背景一直存在不同认识,这也是近 30 年来华南新元古代地质构造演化研究的热点问题。

关于华南扬子克拉通及周缘新元古代花岗质岩浆岩成因和构造背景研究,主要有以下 3 种代表性的观点和模式。

(1) 地幔柱-裂谷模式(plume-rift model)(Li et al.,1995;Li,1999,2003a,2003b;Wang et al.,2011)。该模式认为新元古代华南扬子地块位于澳大利亚大陆与劳伦大陆之间,即华南新元古代位于罗迪尼亚超大陆的中心。中元古代末(1.1~1.0Ga)扬子地块与华夏地块开始发生俯冲-碰撞,并一直持续到900~880Ma形成江南碰撞造山带和统一的华南克拉通基底,属于全球性格林威尔期(Grenvillian)造山事件的一部分。华南扬子地块及周缘新元古代花岗质岩浆岩(850~745Ma)是陆内裂谷岩浆作用的产物(如扬子克拉通东南侧的南华裂谷、西缘的康滇裂谷、北缘的碧口-汉南裂谷),与新元古代地幔柱活动密切相关(Li et al.,2003a,2003b;Wang et al.,2011;Zou et al.,2021;Huang et al.,2022),并最终导致新元古代罗迪尼亚超大陆裂解。

(2) 板片-岛弧模式(slab-arc model)(Zhou et al.,2002a,2002b,2006a,2006b;颜丹平等,2002;Wang et al.,2004,2006;Zhao et al.,2008,2011,2013;王孝磊等,2017)。该模式认为华南扬子克拉通及周缘地区新元古代时位于澳大利亚大陆西北缘,即华南新元古代位于罗迪尼亚超大陆的边缘。华南扬子地块及周缘新元古代花岗质岩浆岩(970~750Ma)形成于两大板片俯冲岛弧体系——扬子地块东南缘江南弧和西北缘攀西-汉南弧(Zhou et al.,2002a,2002b,2006a,2006b;颜丹平等,2002),并进一步提出约830Ma之前扬子板块周缘具有广泛的活动大陆边缘弧,在约830Ma时扬子地块与华夏地块碰撞形成江南造山带,但扬子地块西缘、北缘的SE向板片俯冲仍在持续进行,并发生板片弯曲和后撤岩石圈地幔物质上涌,形成成岩时代晚于830Ma的花岗岩浆岩,以及南华盆地(Zhao et al.,2011)。王孝磊等(2017)则认为新元古代华南扬子地块与华夏地块之间经历了洋洋俯冲(970~880Ma)、弧陆碰撞(880~860Ma)、弧后拉张(860~825Ma)、碰撞后伸展(825~810Ma)、造山后伸展(810~760Ma)5个构造岩浆演化阶段。

(3) 板块-裂谷模式(plate-rift model)(郑永飞和张少兵,2007;Zheng et al.,2008;Zhang,et al.,2008,2009)。该模式认为华南扬子地块及周缘地区新元古代时位于印度大陆边缘、澳大利亚大陆西北缘,即华南新元古代位于罗迪尼亚超大陆边缘。相关学者在江南造山带中~新元古代岩浆岩锆石U-Pb和Lu-Hf同位素及全岩Sr-Nd同位素的研究中认为,中元古代晚期(1300~1100Ma)扬子地块周缘被岛弧和弧后盆地环绕发生广泛岛弧岩浆作用;新元古代发生弧-陆碰撞形成具俯冲岛弧特征的岩浆岩(960~860Ma),在830~800Ma期间碰撞造山带伸展垮塌、地幔物质上涌形成大量新元古代花岗质岩浆岩,在760~740Ma期间整个华南经历了岩石圈尺度的伸展和陆内裂陷或裂谷作用,这可能与罗迪尼亚超大陆裂解有关。

近10年来,扬子克拉通黄陵穹隆基底新元古代花岗岩侵入岩体及岩墙(岩脉)群野外地质、岩石地球化学特征和形成时代的研究结果表明,花岗岩侵入岩体及岩墙(岩脉)群的形成时代介于865~790Ma之间,并可细分为两期花岗岩浆活动(活动时间分别为约865Ma和约815Ma),属于钙碱性-高钾钙碱性铝质-过铝质花岗岩,主要为I型花岗岩,还有少量A型正长花岗岩(钾长花岗岩)、环斑(球状)花岗岩,大部分具有埃达克岩和TTG花岗岩地球化学特征,壳幔岩浆混合作用发育,显示地幔岩浆组分来源于遭受俯冲板片物质改造的亏损地幔。岩石地球化学及 Sr‑Nd‑Hf 同位素地球化学特征指示,花岗岩侵入岩体及岩墙(岩脉)群的形成可能与新元古代板块俯冲‑碰撞造山带加厚下地壳基性岩(>40km)和拆沉下地壳基性岩的部分熔融有关(Xu et al.,2002;张少兵,2008;Zhang et al.,2008,2009;Zhao et al.,2008,2013;Wei et al.,2012;Wu et al.,2016;许继峰等,2014;吴慧,2017;Jiang et al.,2018;蒋幸福等,2021;Zhang et al.,2021;惠博等,2022)。

黄陵新元古代花岗岩侵入岩体(865~790Ma)基本地质特征是均未发生透入性挤压构造变形,表明它应形成于伸展构造背景,这与黄陵穹隆基底南部 NWW 向中~新元古代庙湾蛇绿混杂岩格林威尔期(930~910Ma)碰撞造山高角闪岩相变质岩(如石榴石斜长角闪岩、石榴石长英质片麻岩等)快速折返抬升剥露形成的顺时针 P‑T‑t 轨迹及"白眼圈"结构所指示的碰撞造山后加厚地壳伸展垮塌、拆沉或板片断离构造背景是一脉相承的(Peng et al.,2012;Jiang et al.,2016;Deng et al.,2017;Jiang et al.,2018;董礼博,2018;Lu et al.,2020;穆楚琪,2021;蒋幸福等,2021;Huang et al.,2021)。新元古代约 815Ma 之后形成的黄陵花岗侵入岩以及晓峰岩墙群,与广泛分布的华南裂陷系最早沉积地层时代基本一致,显示大规模拉张环境形成的岩浆‑裂陷沉积事件可能与新元古代罗迪尼亚超大陆裂解事件密切相关。

第二节 黄陵穹隆基底新元古代侵入杂岩体地质观察路线

黄陵新元古代花岗侵入岩体(单元)是黄陵穹隆基底的重要组成部分。根据交通条件、侵入岩体出露和教学要求的不同,笔者选择了交通便利、具有不同新元古代侵入单元、露头良好的 4 条实习观察地质路线:黄陵新元古代花岗侵入岩体芝茅公路—青林口地质观察路线、黄陵新元古代花岗侵入岩体银杏沱—兰陵溪地质观察路线、黄陵新元古代花岗侵入岩体下岸溪—孙家河地质观察路线和黄陵新元古代花岗侵入岩体东岳庙—黄陵庙—小滩头地质观察路线。

路线一 黄陵新元古代花岗侵入岩体芝茅公路—青林口地质观察路线

教学内容与要求

(1)介绍实习区的基本地质概况,学习地质产状测量、野外地质调查地质点记录基本格式及地质素描图绘制基本要求。

(2)介绍黄陵新元古代侵入杂岩体基本组成、演化及地质意义。

(3)介绍花岗侵入岩野外观察描述主要内容、定名基本准则。

(4)观察描述新元古代三斗坪单元(Pt_3S)、暗色镁铁质包体的岩性及地质特征。

点位1　新元古代英云闪长岩岩体及暗色镁铁质包体地质观察点

该点位于芝茅公路45km标牌附近，距离实习基地较近，露头良好，可鸟瞰长江、三峡大坝、实习基地及周边山峰，是新元古代茅坪超单元三斗坪单元、暗色包体岩性地质特征以及岩体中断层的观察点(图4-1)。

图4-1　芝茅公路-青林口新元古代三斗坪单元

注：(a)三斗坪单元英云闪长岩及暗色闪长质包体；(b)三斗坪单元英云闪长岩被晚期伟晶岩脉侵入穿切；(c)三斗坪单元英云闪长岩中晚期伟晶岩脉被更晚期脆性逆断层切割；(d)三斗坪单元英云闪长岩与南华系莲沱组砂岩断层呈接触关系。

该点三斗坪单元岩性为深灰色中粒黑云角闪英云闪长岩，呈灰白色，中粒结构，块状构造。矿物组成为斜长石(55%～65%)、石英(10%～15%)、角闪石(15%～20%)、黑云母(5%～15%)。岩体局部钾化，含较多暗色镁铁质包体。暗色包体呈深灰色，少量呈浅灰色，多呈长条状、透镜状不均匀密集产出，并具明显定向性，中细粒结构，块状构造，主要矿物为角闪石、斜长石，反映出岩浆流动的特征。暗色镁铁质包体与寄主岩英云闪长岩接触边界多表现为不清晰、模糊或渐变过渡，应属于基性岩浆与酸性岩浆在晶粥状态下不完全混合形成的闪长质、斜长角闪岩质包体[图4-1(a)]。在该点可简单了解黄陵新元古代花岗侵入岩体

(单元)主要组成、演化,以及实习区太平溪单元、三斗坪单元、中坝单元在地质图中的空间展布位置(图 4-1,表 4-1),岩浆岩包体成因类型(岩浆侵入围岩捕虏体、岩浆早期结晶析离体、岩浆不完全混合残留体、岩浆源区熔融残留体)基本特征及地质意义。

晚期侵入三斗坪单元的伟晶岩脉呈肉红色,新鲜面呈浅粉白色,伟晶—细晶结构,主要矿物组成为钾长石、石英、黑云母和白云母。伟晶岩脉与寄主岩之间接触边界清晰,脉体宽度为几厘米至 1m,岩脉内部分带明显,从边部向中心部分总体由细晶岩变为伟晶岩,伟晶岩脉又被后期脆性断层构造切割。由野外露头断层面产状、断层次级构造、擦痕运动学特征可知,该断层可能属左行平移断层造成的逆断层效应[图 4-1(b)、(c)]。

此外,距离该点不远处还可见宽约 1.5m 的辉绿-闪长玢岩脉,产状近乎直立,岩脉边部为细粒结构,中心见斑状结构,斑晶主要为角闪石(辉石)。辉绿-闪长玢岩脉侵入英云闪长岩,并切割伟晶岩脉,可能为新元古代最晚期岩浆活动的产物。

 点位 2 新元古代英云闪长岩岩体与南华系莲沱组地质分界观察点

该点位于芝茅公路青林口,露头良好,是南华系莲沱组(Nh_1l)与新元古代茅坪超单元三斗坪单元(Pt_3S)断层接触分界点,也是实习区莲沱组实测地层剖面起点之一。

点东侧三斗坪单元岩性为深灰色中粒黑云角闪英云闪长岩,风化较严重,呈浅黄色,新鲜面呈灰白色,中粒结构,块状构造。矿物组成为斜长石(55%~65%)、石英(10%~15%)、角闪石(15%~20%)、黑云母(5%~15%)。

点西侧为南华系莲沱组,主要由紫红色厚—巨厚层中粗粒砂岩夹薄层页岩组成。南华系莲沱组与三斗坪单元之间为断层接触,断层上窄下宽。根据断裂带两盘次级构造、断裂破碎带内透镜体、上盘地层构造变形特征,推断该断层为高角度正断层[图 4-1(d)]。

在该点沿公路向西前行约 60m,经过第四系覆盖后,可见南华系莲沱组岩性变为以紫红色薄层泥岩、页岩为主,与砂岩互层。沿公路再向西继续前行约 100m,可见灰绿色巨厚层杂砾岩(冰碛砾岩),其上为紫红色薄层泥岩、页岩夹紫红色砂岩。

总体来看,青林口剖面南华系莲沱组具两个明显旋回:下段以厚—巨厚层状砂岩为主,向上页岩开始出现并逐渐增加,上段下部为砂岩夹薄层页岩,向上为砂岩与页岩互层。青林口南华系莲沱组剖面岩石地层,由下至上依次为:新元古代三斗坪单元英云闪长岩、莲沱组砂岩、含砾砂岩、泥岩、页岩、泥砂互层,以及南沱组冰碛砾岩。

路线二 黄陵新元古代花岗侵入岩体银杏沱—兰陵溪地质观察路线

 教学内容与要求

(1)介绍黄陵新元古代侵入杂岩体(单元)基本组成、演化及地质意义。

(2)观察描述新元古代太平溪单元(Pt_3T)、暗色镁铁质包体的岩性及地质特征。

(3) 观察描述新元古代中坝单元(Pt_3Zb)与古元古代角闪斜长片麻岩庙湾岩组接触带特征。

(4) 观察描述新元古代中坝单元(Pt_3Zb)面理、线理构造(原生、次生构造)地质特征。

点位 1 　新元古代英云(石英)闪长岩岩体及暗色镁铁质包体地质观察点

该点位于银杏沱滚装码头以西约 200m 山坡处附近,露头良好,是新元古代茅坪超单元太平溪单元中粗粒英云(石英)闪长岩及暗色镁铁质包体地质观察点(图 4-2)。在该点可简单了解到黄陵新元古代侵入杂岩体(单元)主要组成、形成演化,以及太平溪单元、三斗坪单元、中坝单元在地质图中的空间展布位置。太平溪单元呈近 SN—NNE 向带状展布,南东侧被三斗坪单元侵入切穿,西侧与中坝单元接触。中坝单元总体呈近 SN—NE 向弧形展布,西侧侵入崆岭群,南侧被震旦系莲沱组角度不整合覆盖。

该点太平溪单元岩性为深灰色中粗粒黑云角闪英云(石英)闪长岩,呈灰色,中粗粒结构,块状构造。矿物组成为斜长石(60%~65%)、石英(12%~16%)、角闪石(10%~15%)、黑云母(5%~6%)。太平溪单元岩石矿物含量不均匀,主体为英云(石英)闪长岩,主要矿物为斜长石(约 65%)、石英(约 15%)、普通角闪石(约 15%)和黑云母(约 5%),岩石类型可演变为英云闪长岩或花岗闪长岩[图 4-2(a)、(b)]。此处,我们可以简单了解英云闪长岩-石英闪长岩-花岗闪长岩定名的基本原则,即 QAP 图解,更直观地认识到岩石中矿物实际含量估算的误差会导致野外定名存在一定偏差,需结合室内镜下观察、岩石地球化学特征校正定名。

太平溪单元暗色镁铁质包体非常发育,主要为暗色闪长质包体,多呈长条状、透镜状不均匀密集产出,密集产出带一般宽 3~5m,与寄主岩英云(石英)闪长岩接触边界多表现为不清晰、模糊或渐变过渡。暗色闪长质包体主要矿物为角闪石和斜长石,包体大小不一,形态、结构也不尽相同,主要有细粒结构、中粒结构和似斑状结构。包体具有定向性,许多包体呈拉长的纺锤状,长轴方向往往与石英闪长岩-英云闪长岩中的角闪石长边方向一致,反映出岩浆流动对矿物和包体形态及展布的塑造,可指示岩浆流动方向[图 4-2(c)、(d)]。暗色镁铁质包体中角闪石、斜长石含量也不同,有的呈深灰色,有的呈浅灰色,显示出晶粥状态下岩浆混合的基本特征[图 4-2(e)]。岩浆混合暗色镁铁质包体矿物组成和结构的变化主要取决于不同岩性岩浆混合的比例,中基性岩浆占比越高,混合形成的包体暗色矿物越多,颜色越深。在该处,我们还可以了解岩浆岩包体成因类型(岩浆侵入围岩捕虏体、岩浆早期结晶析离体、岩浆不完全混合残留体、岩浆源区熔融残留体)基本特征及其地质研究意义。注意区分岩浆熔融流动形成的包体及矿物定向排列、拉长原生构造与岩浆结晶固结之后发生韧性变形形成的矿物定向排列、拉长次生构造之间的差别。

此外,在该观察点还可见到多期伟晶岩脉穿插关系,以及伟晶岩脉被断层构造错断的地质现象[图 4-2(f)]。我们可以利用穿插关系识别伟晶岩脉侵位期次,测定不同期次伟晶岩脉的产状,并根据岩体中伟晶岩脉被脆性断层错断的运动学特征,判别断层性质,估算断层断距等参数。

图 4-2 银杏沱新元古代太平溪单元英云(石英)闪长岩

注：(a)英云(石英)闪长岩及暗色定向拉长闪长质包体；(b)英云(石英)闪长岩岩性特征；(c)英云(石英)闪长岩及暗色定向拉长闪长质包体；(d)英云(石英)闪长岩及暗色闪长质包体；(e)英云(石英)闪长岩中柱状角闪石长轴沿岩浆流动方向形成流线构造；(f)英云(石英)闪长岩被晚期伟晶岩脉侵入穿插，以及伟晶岩脉被断层错断形成正断层。

点位 2　新元古代石英闪长岩岩体与中元古代斜长角闪片岩地质分界观察点

该点位于秭归县茅坪松树坳原木材检查站附近，露头良好，是黄陵新元古代茅坪超单元中坝单元与中元古代黑云角闪斜长片麻岩、斜长角闪片岩侵入接触地质分界观察点

点东侧中坝单元岩性为灰色中细粒黑云角闪石英闪长岩，矿物组成为斜长石（54%～55%）、普通角闪石（32%～33%）、石英（10%～11%）、黑云母（2%～3%）。岩体中暗色包体发育，主要为闪长质、斜长角闪岩质、黑云角闪斜长片麻岩包体。暗色镁铁质包体多呈近直立似层状、条带状韵律产出，与围岩石英闪长岩接触边界不清晰、模糊。沿侵入接触带中坝单元还可观察到比较丰富的围岩捕虏体，其形态多为次棱角状，岩性为斜长角闪片岩、黑云角闪斜长片麻岩，推测为岩浆侵位过程捕获的中～新元古代庙湾岩组斜长角闪片岩、黑云角闪斜长片麻岩等（图 4-3）。

图 4-3　兰陵溪新元古代中坝单元

注：(a)石英闪长岩中的斜长石和角闪石矿物分别聚集形成的近直立似层状韵律构造，并被后期长英质脉体侵入穿切；(b)浅色石英闪长岩与暗色闪长岩、斜长角闪岩呈近直立透镜状、似层状韵律条带；(c)石英闪长岩与中元古代庙湾岩组斜长角闪片岩捕虏体；(d)石英闪长岩侵入强变形近直立中元古代斜长角闪片岩。

点东侧离侵入接触带稍远的中坝单元石英闪长岩,发育斜长石和角闪石矿物聚集形成的黑白相间近直立的似层状韵律构造、条带状构造[图4-3(a)、(b)]。石英闪长岩中的斜长石和角闪石均呈自形粒状结构,矿物未发生明显变形,其中灰黑色角闪石条带粒度较细。石英闪长岩中近垂直似层状韵律构造或条带状构造的形成可能与岩浆混合流动过程的应力状态有关。岩浆中不同矿物具有不同的密度、成分等物理化学性质,同种矿物具有排他性,导致不同矿物在成核结晶生长过程中发生长英质矿物和镁铁质矿物分异,矿物晶体定向性生长,从而形成这种特殊的似层状韵律构造或条带状构造。这一特征明显不同于岩体结晶固结后发生变形作用形成的矿物定向构造。

点西侧为中元古代庙湾岩组斜长角闪片岩、角闪斜长片麻岩,其主体为一套厚度巨大,经历强烈变形,发育条带状、条纹构造的斜长角闪片岩、角闪斜长片麻岩夹少量石英岩等的变基性岩岩石组合[图4-3(c)、(d)],推测原岩主体可能属于一套经历强烈变形变质的海相喷发玄武岩。

路线三　黄陵新元古代花岗侵入岩体下岸溪—孙家河地质观察路线

教学内容及要求

(1)介绍新元古代黄陵侵入杂岩体(单元)基本组成、形成演化及地质意义。

(2)观察描述新元古代鹰子咀单元(Pt_3Y)、内口单元(Pt_3N)、暗色镁铁质包体的岩性及地质特征。

(3)观察描述和测量新元古代内口单元(Pt_3N)多组节理(节理脉)地质特征。

(4)观察描述新元古代鹰子咀单元(Pt_3Y)、晓峰超单元(Pt_3XF)岩墙(岩脉)群岩性及地质特征。

点位1　新元古代花岗闪长岩-二长花岗岩岩体及暗色镁铁质包体地质观察点

该点位于乐天溪镇下岸溪露天花岗岩石料场,场地开阔,露头良好,是黄陵庙超单元内口单元(Pt_3N)中粗粒似斑状花岗闪长岩-二长花岗岩岩性、地质特征及岩浆混合作用典型地质观察点。

该点内口单元岩性主要为灰白色中粗粒似斑状二云母二长花岗岩,似斑状结构,斑晶以钾长石为主,基质为中—粗粒结构,块状构造,矿物组成为石英(约30%)、斜长石(约30%)、钾长石(约30%)、黑云母(约6%)和极少量白云母(约3%)等。此外,还见有晚期伟晶岩脉,以及更晚期辉绿玢岩脉侵入穿切中粗粒似斑状二云母二长花岗岩,辉绿玢岩脉风化后呈褐红色[图4-4(a)~(c)]。

在下岸溪花岗岩石料场掌子面上,可见近垂直宽约3m的中粒黑云花岗闪长岩涌动接触侵入中粗粒似斑状二云母二长花岗岩,两者接触边界表现为渐变过渡,由外至内岩性由酸

图 4-4 下岸溪采石场新元古代内口单元二长花岗岩、花岗闪长岩及暗色包体

注：(a)二长花岗岩采石场概貌；(b)二长花岗岩岩石特征；(c)二长花岗岩被晚期闪长玢岩侵入穿切；(d)二长花岗岩被含有暗色镁铁质包体的花岗闪长岩-石英闪长岩涌动侵入。

性二长花岗岩转变为中性花岗闪长岩。花岗闪长岩中含有大量形态颜色各异、大小不等的球状、椭球状、次棱角状暗色镁铁质包体，它们与寄主岩花岗闪长岩接触边界多表现为不清晰、模糊或渐变过渡，显示晶粥状态下岩浆不完全混合的特征(马昌前等,1992;2020)。中粒花岗闪长岩又被中粗粒似斑状二长花岗岩晚期分异伟晶岩脉涌动侵入穿切[图 4-4(f)]。

在该点可简单了解不同花岗岩侵入体(单元)的 3 种侵入接触关系(超动、脉动和涌动侵入接触关系)、岩浆岩包体成因类型(岩浆侵入围岩捕房体、岩浆早期结晶析离体、岩浆不完全混合残留体、岩浆源区熔融残留体)的基本特征及地质意义。

(1)超动侵入接触(beveling intrusive contact)又称斜切式侵入接触，指不同时代深成岩体，或同时代不同深成岩体之间，呈急变式接触关系。它是晚期深成岩体在早期深成岩体完全固结冷却之后侵入形成的接触关系，一般能确定两个深成岩体的先后顺序。

(2)脉动侵入接触(pulsating intrusive contact)又称突变型侵入接触，脉动侵入是来自深部岩浆的间歇性岩体贯入。脉动是指先形成的侵入体已基本固结，但仍然在很灼热的条件下，被后侵入岩体所侵入形成的接触关系。脉动侵入接触界面两侧表现为成分上和结构上的突变，通常在 1~2mm 范围内可以看到两者之间有一条清晰的接触界线，甚至在一块标本或一个薄片上也可看出,但其接触变质现象不明显,并且很难确定两者之间的先后顺序。

(3)涌动侵入接触(surge intrusive contact)又称隐蔽式侵入接触。涌动侵入接触是指在一个岩体内部,当有一些差异的组分之间出现差异性流动时,先期侵入体已开始固结,但部分仍保持液态的情况下,被后期侵入体所侵入形成的接触关系。涌动侵入接触界面不明显,通常在1~2cm的距离内岩石成分和结构发生快速变化,此时找不到很清楚的接触界面,有时在接触带形成宽度不等的混染带。

该点暗色镁铁质包体成分多为中细粒闪长岩质,含少量角闪岩质,岩浆结晶结构,块状构造,主要由暗色镁铁质矿物(角闪石、黑云母)和少量浅色长石类矿物(斜长石、钾长石)组成,并且不同暗色包体色率、矿物含量、粒度具有较大差异(图4-5)。一些颜色更黑、更细小的球状暗色微粒包体主要矿物几乎都由镁铁质矿物角闪石、辉石等组成,更多地保留了原始岩浆的成分[图4-5(d)、(e)],指示原始岩浆可能为基性岩浆。一些较大暗色镁铁质包体发育明显的成分结构环带,外带的矿物粒度比内带的矿物粒度更小,钾长石含量更低[图4-5(f)],并且在光学显微镜下暗色镁铁质包体中普遍可见针状磷灰石、角闪石,指示了少量高温基性岩浆注入相对低温酸性岩浆快速淬冷的形成过程(祁得荣,2019)。

对乐天溪下岸溪石料场寄主岩二长花岗岩、花岗闪长岩与暗色辉长闪长岩包体的研究表明,寄主岩与暗色包体LA-ICP-MS锆石U-Pb结晶年龄分别为:825~820Ma和822~814Ma,显示寄主岩与暗色包体几乎同时形成,暗色包体结晶年龄略晚于二长花岗岩、花岗闪长岩结晶年龄,这为研究少量高温基性岩浆注入相对低温酸性岩浆发生不完全混合的成因提供了重要依据(李鹏坤,2018;祁得荣,2019)。

 点位2 新元古代花岗闪长岩岩体中岩墙(岩脉)群地质观察点

该观察点位于黄陵新元古代花岗侵入岩莲沱-雾渡河公路孙家河陈家大瓦屋旁和孙家河河床附近,露头良好,是黄陵庙超单元鹰子咀单元(Pt_3Y)与晓峰超单元(Pt_3XF)岩墙群地质特征、岩墙群中不同岩性的岩墙(岩脉)侵入穿插观察点(图4-6)。

该处鹰子咀单元岩性为灰色中粒黑云花岗闪长岩,被晚期晓峰超单元中不同岩性的近直立密集岩墙(岩脉)侵入穿切,接触边界清晰。岩墙群主要岩性为细粒闪长岩、闪长玢岩、辉绿岩,以及花岗闪长斑岩、花岗斑岩,岩墙(岩脉)多发育冷凝边构造,一些岩墙(岩脉)中还可见捕获的早期中粒花岗闪长岩围岩的角砾[图4-6(a)、(b)]。

路线四 黄陵新元古代花岗侵入岩体东岳庙—黄陵庙—小滩头地质观察路线

 教学内容及要求

(1)介绍新元古代黄陵侵入杂岩体(单元)的基本组成、形成演化及地质意义。
(2)观察描述新元古代路溪坪单元(Pt_3L)、鹰子咀单元(Pt_3Y)、茅坪沱单元(Pt_3M)、内口

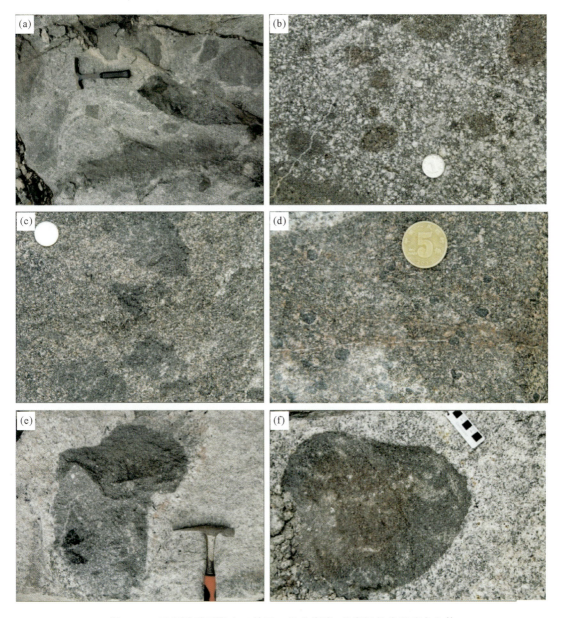

图4-5 下岸溪采石场内口单元二长花岗岩、花岗闪长岩及暗色包体

注:(a)花岗闪长岩中的不同形态、颜色暗色闪长质包体;(b)花岗闪长岩中的不同颜色含钾长石暗色镁铁质包体;(c)浅色含钾长石暗色包体中包含颜色更深的闪长质包体,边界呈渐变过渡;(d)含钾长石暗色闪长质包体中包含颜色更深的球状角闪岩质包体,球状角闪岩包体边部发育浅色长英质环边;(e)二长花岗岩中的浅色暗色包体中包含颜色更深的闪长质微粒包体,浅色暗色包体边部发育渐变过渡的浅色似斑状二长花岗质环边;(f)花岗闪长岩与浅色含钾长石暗色包体边部发育渐变过渡的浅色细粒花岗闪长质环边,暗色包体发育成分结构环带,外带的矿物粒度比内带的矿物粒度更小。

图 4-6 孙家河新元古代晓峰超单元、鹰子咀单元及七里峡晓峰超单元

注:(a)孙家河晓峰超单元近直立辉绿岩、闪长玢岩及花岗闪长斑岩、花岗斑岩脉岩墙群侵入穿切鹰子咀单元;(b)孙家河晓峰超单元近直立辉绿岩脉侵入穿切鹰子咀单元,辉绿岩脉中捕房围岩花岗闪长岩角砾;(c)孙家河河床茅坪沱单元中粒含斑花岗闪长岩脉动侵入鹰子咀单元;(d)孙家河河床二长花岗岩脉动侵入鹰子咀单元,辉绿岩脉呈涌动接触侵入二长花岗岩脉(e)七里峡晓峰超单元近直立辉绿岩、闪长玢岩及花岗闪长斑岩脉互相侵入穿切;(f)七里峡晓峰超单元近直立辉绿岩、闪长玢岩脉侵入穿切花岗闪长斑岩脉。

单元(Pt_3N)岩性及地质特征。

(3)观察描述新元古代鹰子咀单元(Pt_3Y)中的构造破碎带地质特征。

点位 1　新元古代奥长花岗岩(斜长花岗岩)岩体地质观察点

该点位于东岳庙集贸市场岔路口附近,露头良好,是黄陵庙超单元路溪坪单元(Pt_3L)岩性及地质特征观察点。

该点路溪坪单元岩性为灰色中细粒黑云奥长花岗岩(斜长花岗岩),中细粒花岗结构,似片麻状构造,发育流面、流线构造,矿物粒径细小,黑云母含量大于角闪石[图4-7(a)]。矿物组成为斜长石(65%~68%)、石英(25%~30%)、黑云母(4%~5%)、角闪石(1%~3%)、钾长石(1%~2%)。

这是新元古代黄陵庙超单元中最早期就位的岩体,也是该超单元最东缘的一个岩体,故岩体中矿物颗粒较细小,指示岩浆流动的流面构造发育。

点位 2　新元古代花岗闪长岩岩体地质观察点

该点位于334省道41km公路标牌处附近,露头良好,是黄陵庙超单元鹰子咀单元(Pt_3Y)岩性及地质特征观察点。

该点鹰子咀单元岩性为灰色中粒黑云花岗闪长岩,中粒结构,局部似斑状结构,块状构造[图4-7(b)]。矿物粒径为2~5mm,矿物组成为斜长石(50%~55%)、石英(25%~30%)、钾长石(8%~15%)、黑云母(4%~5%)。该岩体的显著特征是:①开始出现肉红色钾长石;②仅局部出现钾长石斑晶;③岩石中磁铁矿含量较高,现已变成赤红色赤铁矿。

在该点还可见岩体中构造破碎带,破碎带中可见动力变质所形成的碎裂岩。碎裂岩主要由红绿相间的矿物组成,红色为钾长石化所致,绿色为绿泥石化所致。局部可见红色石英,红色是由铁质矿物风化、淋滤、侵染所致。

点位 3　新元古代二长花岗岩-花岗闪长岩岩体地质观察点

该点位于334省道39km公路标牌处附近,露头良好,是黄陵庙超单元茅坪沱单元(Pt_3M)岩性及地质特征观察点。

该点茅坪沱单元岩性为浅肉红色中粒含斑白云母二长花岗岩、花岗闪长岩,以含斜长石斑晶、石英聚斑晶为主,正长石斑晶少见,可见卡斯巴双晶[图4-7(c)]。新鲜岩石呈现红绿相间的杂色,风化后为土黄色,中粒结构,块状构造。矿物粒径为2~5mm,矿物组成为肉红色正长石(35%~40%)、青灰色斜长石(30%~35%)、石英(25%~30%)、黑云母(约3%)、角闪石(约2%)、白云母(<1%)。

茅坪沱单元中粒含斑黑云花岗闪长岩以含斜长石斑晶、石英聚斑晶为主,含少量钾长石斑晶,而与鹰子咀单元中粒花岗闪长岩相区分。内口单元中粒似斑状花岗闪长岩则以钾长石斑晶为主,斑晶含量大于10%,且钾长石斑晶较大。

图 4-7　东岳庙—小滩头新元古代路溪坪单元、内口单元

注:(a)东岳庙路溪坪单元中细粒黑云奥长花岗岩;(b)三斗坪鹰子咀单元中粒黑云花岗闪长岩;(c)青鱼背茅坪沱单元中粒含斑白云母二长花岗岩;(d)小滩头内口单元中粗粒似斑状二云母二长花岗岩。

中粒含斑二长花岗岩的白云母含量虽低,但因其特征性故可参与命名。该岩石又称为淡色花岗岩,是地壳深熔作用的代表性岩石。一般认为,这种花岗岩的就位指示该地区已进入后碰撞或后造山阶段,其形成与陆壳加厚导致的地壳岩石发生部分熔融有关。

点位 4　新元古代二长花岗岩岩体地质观察点

该点位于 334 省道小滩头汽渡口东侧采石场,露头良好,是黄陵庙超单元内口单元(Pt_3N)岩性及地质特征观察点。

该点东侧内口单元岩性为肉红色中粗粒似斑状二云母二长花岗岩,似斑状结构,块状构造。斑晶为巨粒肉红色正长石,常见卡斯巴双晶,可见环带结构,环带中白色部分为钠长石,红色部分为正长石。基质为中粗粒,除正长石外还有石英和斜长石,另含少量的白云母和黑云母。矿物组成为正长石(45%~50%)、石英(25%~30%)、斜长石(15%~20%)、黑云母(3%~4%)、白云母(约 1%)[图 4-7(d)]。在该处可见中粗粒似斑状二云母二长花岗岩中常含有富云包体，它是富云母原岩发生部分熔融的残余，表明该岩石源于下地壳深熔作用。该岩石又称为淡色花岗岩，是地壳深熔作用的代表性岩石。该岩石中两种云母含量均很低，因属淡色花岗岩故可参与命名。

该点西侧为肉红色中粗粒似斑状正长花岗岩，似斑状结构，块状构造，钾长石斑晶常见结晶环带构造。矿物粒径为 2～5mm，矿物组成为斜长石(15%～20%)、石英(15%～20%)、钾长石(55%～60%)、黑云母(2%～3%)、角闪石(约1%)、白云母(约1%)。

一般认为，二云母二长花岗岩、二云母正长花岗岩的出现指示该区已进入后碰撞或后造山演化阶段。它们是后碰撞构造背景下，陆壳加厚地壳岩石发生部分熔融岩浆作用的代表性岩石类型。

参考文献

柏国值,2018.湖北秭归地区曲溪花岗质侵入体的岩石成因及构造意义[D].武汉:中国地质大学(武汉).

北京地质学院,1960.1∶20万宜昌西半幅区域地质调查报告[R].北京:北京地质学院.

陈兵,熊富浩,马昌前,等,2021.岩浆混合作用与火成岩多样性的耦合关系:以东昆仑造山带白日其利长英质岩体为例[J].地球科学,46(6):2057-2072.

陈昌昕,吕庆田,陈凌,等,2022.华南陆块地壳厚度与物质组成:基于天然地震接收函数研究[J].中国科学:地球科学,52(4):760-776.

陈超,孔令耀,郭盼,等.2022.扬子陆块北缘(湖北段)基底组成、结构、演化及成矿作用研究报告[R].武汉:中国地质大学(武汉).

陈超,苑金玲,郭盼,等,2020.扬子陆块~2.0Ga的区域变质事件对南北黄陵古元古代差异演化的启示[J].中国地质,47(4):899-913.

陈曼云,金巍,郑常青,2009.变质岩鉴定手册[M].北京:地质出版社.

陈能松,夏彬,游振东,2021.基于组构组分的变质岩岩相学分类[J].地球科学,46(9):3049-3056.

陈文,张彦,张岳桥,等,2006.青藏高原东南缘晚新生代幕式抬升作用的Ar-Ar热年代学证据[J].岩石学报,22(4):867-872.

程素华,游振东,2016.变质岩岩石学[M].北京:地质出版社.

程裕淇,沈其韩,刘国惠,等,1963.变质岩的一些基本问题和工作方法[M].北京:中国工业出版社.

董礼博,2018.黄陵穹隆南部庙湾蛇绿杂岩中石榴斜长角闪岩变质演化及其构造意义[D].武汉:中国地质大学(武汉).

董树文,李廷栋,陈宣华,等,2012.我国深部探测技术与实验研究进展综述[J].地球物理学报,55(12):3884-3901.

方静,2014.黄陵七里峡地区岩墙群的地球化学特征及其地质意义[D].武汉:中国地质大学(武汉).

冯定犹,李志昌,张自超,1991.黄陵花岗岩类岩基南部岩体侵入时代和同位素特征[J].湖北地质,5(2):1-12.

富公勤,袁海华,李世麟,1993.黄陵断隆北部太古界花岗岩-绿岩地体的发现[J].矿物岩石,13(1):5-13.

高山,张本仁,1990.扬子地台北部太古宙 TTG 片麻岩的发现及其意义[J].地球科学,15(6):675-679.

葛肖虹,王敏沛,刘俊来,2010.重新厘定"四川运动"与青藏高原初始隆升的时代、背景:黄陵背斜构造形成的启示[J].地学前缘,17(4):206-217.

郭宇明,2019.鄂西黄陵花岗岩基岩石学、岩石地球化学及其地球动力学意义[D].成都:成都理工大学.

韩庆森,彭松柏,焦淑娟,2020.扬子克拉通古元古代冷俯冲低温-高压榴辉岩相变泥质岩的发现及其大地构造意义[J].地球科学,45(6):1986-1998.

韩庆森,2017.扬子克拉通黄陵穹隆古元古代蛇绿混杂岩成因及大地构造意义[D].武汉:中国地质大学(武汉).

贺帅,汤华云,郑建平,等,2017.黄陵岩基三斗坪英云闪长岩中暗色微粒包体成因及对寄主岩形成过程的约束[J].矿物岩石地球化学通报,36(增刊):161-162.

胡召齐,朱光,刘国生,等,2009.川东"侏罗山式"褶皱带形成时代:不整合面的证据[J].地质论评,55(1):32-42.

湖北省地质调查院,2021.中国区域地质志——湖北志[M].北京:地质出版社.

湖北省地质矿产局,1990.湖北省区域地质志[M].北京:地质出版社.

湖北省地质调查研究院,2006.1:25 万建始幅区域地质调查报告[R].武汉:湖北省地质调查研究院.

湖北省地质调查研究院,2005.1:25 万荆门幅区域地质调查报告[R].武汉:湖北省地质调查研究院.

湖北省地质调查研究院,2006.1:25 万宜昌幅区域地质调查报告[R].武汉:湖北省地质调查研究院.

惠博,董云鹏,孙圣思,等,2022.扬子板块北缘新元古代构造属性的岩浆事件制约[J].地质学报,96(9):3034-3050.

贾子悦,2019.扬子陆块新元古代类 TTG 岩石地球化学特征及其与太古宙和显生宙相似岩石的对比研究[D].武汉:中国地质大学(武汉).

江麟生,周忠友,陈铁龙,2002.黄陵地区的几个主要基础地质问题[J].湖北地矿,16(1):8-13.

姜继圣,1986.黄陵变质地区的同位素地质年代及地壳演化[J].长春地质学院学报(3):1-11.

蒋幸福,彭松柏,韩庆森,2021.扬子克拉通黄陵背斜南部~860Ma 岩墙的成因及地质意义[J].地球科学,46(6):2117-2132.

蒋幸福,2014.扬子克拉通黄陵背斜庙湾蛇绿杂岩成因及大地构造意义[D].武汉:中国地质大学(武汉).

焦文放,吴元保,彭敏,等,2009.扬子板块最古老岩石的锆石 U-Pb 年龄和 Hf 同位素组成[J].中国科学(D辑),39(7):972-978.

李冰,宋燕兵,王启,等,2018.四川盆地的磁场特征及地质意义[J].物探与化探,42(5):937-945.

李福喜,聂学武,1987.黄陵断隆北部崆岭群地质时代及地层划分[J].湖北地质,1(1):28-41.

李鹏坤,2018.黄陵庙岩体的岩浆混合作用——来自寄主岩和包体的证据[D].武汉:中国地质大学(武汉).

李四光,赵亚曾,1924.峡东地质及长江之历史[J].中国地质学会志,3(3):351-391.

李献华,李正祥,葛文春,等,2001.华南新元古代花岗岩的锆石 U-Pb 年龄及其构造意义[J].矿物岩石地球化学通报,20(4):271-273.

李益龙,周汉文,李献华,等,2007.黄陵花岗岩基英云闪长岩的黑云母和角闪石 ^{40}Ar-^{39}Ar 年龄及其冷却曲线[J].岩石学报,23(5):1067-1074.

李长安,殷鸿福,于庆文,1999.东昆仑山构造隆升与水系演化及其发展趋势[J].科学通报,44(2):211-214.

林伟,彭澎,周锡强,等,2020.华北克拉通形成于破坏野外地质实习指南[M].北京:科学出版社.

凌文黎,高山,程建萍,2006.扬子陆核与陆缘新元古代岩浆事件对比及其构造意义——来自黄陵和汉南侵入杂岩 ELA-ICPMS 锆石 U-Pb 同位素年代学的约束[J].岩石学报,2(22):387-396.

凌文黎,高山,张本仁,等,2000.扬子陆核古元古代晚期构造热事件与扬子克拉通演化[J].科学通报,45(21):2343-2348.

凌文黎,高山,郑海飞,等,1998.扬子克拉通黄陵地区崆岭杂岩 Sm-Nd 同位素地质年代学研究[J].科学通报,43(1):86-89.

刘宝珺,许效松,潘杏南,等,1993.中国南方古大陆沉积地壳演化与成矿[M].北京:科学出版社.

刘海军,许长海,周祖翼,2009.黄陵隆起形成(165-100Ma)的碎屑岩磷灰石裂变径迹热年代学约束[J].自然科学进展,19(12):1326-1332.

龙新鹏,2022.扬子克拉通黄陵穹隆南部太古宙花岗片麻岩成因及构造意义[D].武汉:中国地质大学(武汉).

卢良兆,许文良,2011.岩石学[M].北京:地质出版社.

路凤香,桑隆康,2002.岩石学[M].北京:地质出版社.

马昌前,王人镜,邱家骧,1992.花岗质岩浆起源和多次岩浆混合的标志:包体——以北京周口店岩体为例[J].地质论评,38(2):109-119.

马昌前,邹博文,高珂,等,2020.晶粥储存、侵入体累积组装与花岗岩成因[J].地球科学,45(12):4332-4351.

马大铨,杜绍华,肖志发,2002.黄陵花岗岩基的成因[J].岩石矿物学杂志,21(2):151-161.

马大铨,李志昌,肖志发,1997.鄂西崆岭杂岩的组成、时代及地质演化[J].地球学报,18(3):233-241.

马倩,2018.黄陵地区新元古代～860Ma 基性侵入岩地球化学特征及其构造意义[D].武汉:中国地质大学(武汉).

梅廉夫,刘昭茜,汤济广,等,2010.湘鄂西-川东中生代陆内递进扩展变形:来自裂变径迹和平衡剖面的证据[J].地球科学,35(2):161-174.

穆楚琪,2021.黄陵穹隆中～新元古代庙湾蛇绿杂岩变质演化及年代学研究[D].武汉:中国地质大学(武汉).

彭敏,吴元保,汪晶,等,2009.扬子崆岭高级变质地体古元古代基性岩脉的发现及其意义[J].科学通报,54(5):641-647.

彭松柏,韩庆森,POLAT A,等,2016.扬子克拉通黄陵穹隆北部发现古元古代蛇绿混杂岩[J].地球科学,41(12):2117-2118.

彭松柏,李昌年,KUSKY T,等,2010.鄂西黄陵背斜南部元古宙庙湾蛇绿岩的发现及其构造意义[J].地质通报,29(1):8-20.

彭松柏,谢财富,陈孝红,等,2007.中南地区基础地质综合研究报告[R].宜昌:宜昌地质矿产研究所.

彭松柏,张先进,边秋娟,等,2014.秭归产学研基地野外实践教学教程——基础地质分册[M].武汉:中国地质大学出版社.

祁得荣,2019.扬子北缘黄陵庙岩体中暗色包体的成因及岩浆动力学过程[D].武汉:中国地质大学(武汉).

邱啸飞,杨红梅,张利国,等,2015.扬子陆块庙湾蛇绿岩中橄榄岩的同位素年代学及其构造意义[J].地球科学,40(7):1121-1128.

邱啸飞,赵小明,杨红梅,等,2017.扬子陆核古元古代变质事件——来自孔兹岩系变质锆石 U-Pb 同位素年龄的证据[J].地质通报,36(5):706-714.

渠洪杰,康艳丽,崔建军,2014.扬子北缘黄陵地区晚中生代盆地演化及其构造意义[J].地质科学,49(4):1070-1092.

任红伟,2018.三斗坪岩体及其暗色微粒包体成因:锆石 U-Pb 年龄和 Hf 同位素证据[D].武汉:中国地质大学(武汉).

任洪佳,郭秋麟,周刚,等,2018.川东地区震旦系—寒武系天然气资源潜力分析[J].中国石油勘探,23(4):21-29.

桑隆康,马昌前,2012.岩石学[M].2 版.武汉:中国地质大学出版社.

沈传波,梅廉夫,刘昭茜,等,2009.黄陵隆起中-新生代隆升作用的裂变径迹证据[J].矿物岩石,29(2):54-60.

苏桂萍,李忠权,应丹琳,等,2020.四川盆地加里东古隆起形成演化及动力学成因机理[J].地质学报,94(6):1793-1812.

汪啸风,陈孝红,张仁杰,等,2002.长江三峡地区珍贵地质遗迹保护和太古宙-中生代多重地层划分与海平面升降变化[M].北京:地质出版社.

王海燕,高锐,卢占武,等,2017.四川盆地深部地壳结构——深地震反射剖面探测[J].地球物理学报,60(8):2913-2923.

王剑,刘宝珺,潘桂棠,2001.华南新元古代裂谷盆地演化——Rodinia超大陆解体的前奏[J].矿物岩石,21(3):135-145.

王仁民,游振东,富公勤,1989.变质岩石学[M].北京:地质出版社.

王孝磊,周金城,陈昕,等,2017.江南造山带的形成与演化[J].矿物岩石地球化学通报,36(5):696+714-735.

王岳军,张琴华,李志安,等,1995.湖北太平溪超镁铁质岩的地球化学初步研究[J].湖北地质,9(2):90-97.

魏君奇,景明明,2013.崆岭杂岩中角闪岩类的年代学和地球化学[J].地质科学,48(4):970-983.

魏君奇,王建雄,王晓地,等,2009.黄陵地区崆岭群中基性岩脉的定年及意义[J].西北大学学报(自然科学版),39(3):466-471.

吴飞,2022.扬子陆核南崆岭地区太古宙花岗质岩石及其中包体的成因及地质意义[D].武汉:中国地质大学(武汉).

吴福元,徐义刚,高山,等,2008.华北岩石圈减薄与克拉通破坏研究的主要学术争论[J].岩石学报,24(6):1145-1174.

吴福元,徐义刚,朱日祥,等,2014.克拉通岩石圈减薄与破坏[J].中国科学:地球科学,44(11):2358-2372.

吴慧,2017.扬子陆核区~865Ma和~815Ma幔源岩浆事件识别及其对华南陆块新元古代构造演化的指示[D].武汉:中国地质大学(武汉).

武汉地质调查中心,2012.1∶5万莲沱幅、分乡幅、三斗坪幅、宜昌市幅区域地质调查报告[R].武汉:武汉地质调查中心.

武汉地质调查中心,2019.1∶5万水月寺、雾渡河幅区域地质调查报告[R].武汉:武汉地质调查中心.

谢明,1990.长江三峡地区第四纪以来新构造上升速度和形式[J].第四纪研究(4):308-315.

熊成云,韦昌山,金光富,等,2004.鄂西黄陵背斜地区前南华纪古构造格架及主要地质事件[J].地质力学学报,10(2):97-111.

熊庆,郑建平,余淳梅,等,2008.宜昌圈椅埫A型花岗岩锆石U-Pb年龄和Hf同位素与扬子大陆古元古代克拉通化作用[J]. 科学通报,53(22):2782-2792.

熊盛青,杨海,丁燕云,等,2018. 中国航磁大地构造单元划分[J]. 中国地质,45(4):658-680.

徐大良,彭练红,刘浩,等,2013. 黄陵背斜中新生代多期次隆升的构造-沉积响应[J]. 华南地质与矿产,29(2):90-99.

徐云鹏,张方明,1993. 湖北宜昌镁橄榄岩矿床地质特征及其成因探讨[J]. 湖北地质,7(2):20-31

徐云鹏,张方明,1994. 宜昌镁橄榄石的开发利用途径研究[J]. 湖北地质,8(1):78-84.

许继峰,邬建斌,王强,等,2014. 埃达克岩与埃达克质岩在中国的研究进展[J]. 矿物岩石地球化学通报,33(1):6-13.

严溶,周汉文,曾雯,等,2006. 湖北宜昌崆岭群孔兹岩系地球化学特征[J]. 地质科技情报,25(5):41-46.

颜丹平,周美夫,宋鸿林,等,2002. 华南在Rodinia古陆中位置的讨论——扬子地块西缘变质-岩浆杂岩证据及其与Seychelles地块的对比[J]. 地学前缘,9(4):249-256.

晏久平,2009. 湖北省宜昌市彭家河石榴石矿床地质特征及成因分析[J]. 矿物岩石,29(1):44-51.

余武,沈传波,杨超群,2017. 秭归盆地中新生代构造-热演化的裂变径迹约束[J]. 地学前缘,24(3):116-126.

翟明国,2022. 论孔兹岩——地球上特殊地质过程的记录[J]. 地质学报,96(9):2967-2997.

张少兵,2008. 扬子陆核古老地壳及其深熔产物花岗岩的地球化学研究[D]. 合肥:中国科学技术大学.

张岳桥,董树文,李建华,等,2012. 华南中生代大地构造研究新进展[J]. 地球学报,33(3):257-279.

张岳桥,董树文,2019a. 晚中生代东亚多板块汇聚与大陆构造体系的发展[J]. 地质力学学报,25(5):613-641.

张岳桥,施炜,董树文,2019b. 华北新构造:印欧碰撞远场效应与太平洋俯冲地幔上涌之间的相互作用[J]. 地质学报,93(5):971-1001.

郑承志,2019. 魂兮归来——六十二问话屈原[M]. 武汉:华中科技大学出版社.

郑永飞,张少兵,2007. 华南前寒武纪大陆地壳的形成和演化[J]. 科学通报,52(1):1-10.

郑月蓉,2010. 三峡地区极短周期内剥蚀速率,下切速率及地表隆升速率对比研究[J]. 成都理工大学学报:自然科学版,37(5):513-517.

朱光,陆元超,苏楠,等,2021. 华北克拉通早白垩世地壳变形规律与动力学[J]. 中国科学(地球科学),51(9):1420-1443.

朱日祥,孙卫东,2021. 大地幔楔与克拉通破坏型金矿[J]. 中国科学:地球科学,51(9):1444-1456.

朱日祥,徐义刚,2019. 西太平洋板块俯冲与华北克拉通破坏[J]. 中国科学:地球科学, 49(9):1346-1356.

ABBOTT D H, ISLEY A E, 2002. The Intensity, Occurrence, and Duration of Superplume Events and Eras over Geological Time[J]. Journal of Geodynamics, 34(2):265-307.

AUGÉ T, JOHAN Z, 1988. Comparative Study of Chromite Deposits from Troodos, Vourinos, North Oman and New Caledonia Ophiolites[M]. Berlin Heidelberg: Springer.

BARNES S J, ROEDER P L, 2001. The Range of Spinel Compositions in Terrestrial Mafic and Ultramafic Rocks[J]. Journal of Petrology, 42(12), 2279-2302.

BEST M G, 2003. Igneous and Metamorphic Petrology[M]. Malden: Blackwell Science Ltd.

BONIN B, 2004. Do Coeval Mafic and Felsic Magmas in Post-Collisional to Within-Plate Regimes Necessarily Imply Two Contrasting, Mantle and Crustal, Sources? A Review[J]. Lithos, 78(1-2):1-24.

CEN Y, PENG S B, KUSKY T M, et al., 2012. Granulite Facies Metamorphic Age and Tectonic Implications of BIFs from the Kongling Group in the Northern Huangling Anticline[J]. Journal of Earth Science, 23(5):648-658.

CHEN K, GAO S, WU Y B, et al., 2013. 2.6-2.7Ga Crustal Growth in Yangtze Craton, South China[J]. Precambrian Research(224):472-490.

DENG H, KUSKY T M, PENG S B, et al., 2012. Discovery of a Sheeted Dike Complex in the Northern Yangtze Craton and Its Implications for Craton Evolution[J]. Journal of Earth Sciences, 23(5):676-695.

DENG H, PENG S B, POLAT A, 2017. Neoproterozoic IAT Intrusion into Mesoproterozoic MOR Miaowan Ophiolite, Yangtze Craton: Evidence for Evolving Tectonic Settings[J]. Precambrian Research(289):75-94.

DENG Y F, XU Y G, CHEN Y, 2021. Formation Mechanism of the North-South Gravity Lineament in Eastern China[J]. Tectonophysics(818):229074.

DESCHAMPS F, GODARD M, GUILLOT S, et al., 2013. Geochemistry of Subduction Zone Serpentinites: A Review[J]. Lithos 178: 96-127.

DILEK Y, FURNES H, 2011. Ophiolite Genesis and Global Tectonics: Geochemical and Tectonic Fingerprinting of Ancient Oceanic Lithosphere[J]. Geol. Soc. Am. Bull, 123(3-4): 387-411.

DONG S W, LI T D, LÜ Q T, et al., 2013. Progress in Deep Lithospheric Exploration of the Continental China: A Review of the SinoProbe[J]. Tectonophysics(606):1-13.

ELLIOTT T, PLANK T, ZINDLER A, et al., 1997. Element Transport from Slab to Volcanic Front at the Mariana Arc[J]. Journal of Geophysical Research: Solid Earth, 102

(B7):14991-15019.

ERNST R E, GROSFILS E B, MEGE D, 2001. Giant Dike Swarms: Earth, Venus, and Mars[J]. Annual Review of Earth and Planetary Sciences, 29(1):489-534.

FETTES D, DESMONS J, 2007. Metamorphic Rocks: A Classification and Glossary of Terms[M]. Cambriage: Cambriage of University Press.

FRANZ L, WIRTH R, 2000. Spinel Inclusions in Olivine of Peridotite Xenoliths from TUBAF Seamount (Bismarck Archipelago/Papua New Guinea): Evidence for the Thermal and Tectonic Evolution of the Oceanic Lithosphere[J]. Contributions to Mineralogy Petrology, 140(3):283-295.

GAN C S, WANG Y J, BARRY T L, et al., 2020. Spatial and Temporal Influence of Pacific Subduction on South China: Geochemical Migration of Cretaceous Mafic-Intermediate Rocks[J]. Journal of the Geological Society, 177(5):1013-1024.

GAO R, CHEN C, WANG H H, et al., 2016. Deep Reflection Profile Reveals a Neo-Proterozoic Subduction Zone beneath Sichuan Basin[J]. Earth and Planetary Science Letters (454):86-91.

GAO S, LING W L, QIU Y M, et al., 1999. Contrasting Geochemical and Sm-Nd Isotopic Compositions of Archean Metasediments from the Kongling High-Grade Terrain of the Yangtze Craton: Evidence for Cratonic Evolution and Redistribution of REE During Crustal Anatexis[J]. GeochimCosmochim Acta, 63(13-14):2071-2088.

GAO S, YANG J, ZHOU L, et al., 2011. Age and Growth of the Archean Kongling Terrain, South China, with Emphasis on 3.3Ga Granitoid Gneisses[J]. American Journal of science, 311(2):153-182.

GODARD M, JOUSSELIN D, BODINIER J L, 2000. Relationships between Geochemistry and Structure beneath a Palaeo-Spreading Centre: A Study of the Mantle Section in the Oman Ophiolite[J]. Earth Planet Science Letter, 180(1-2):133-148.

GUO J L, GAO S, WU Y B, et al., 2014. 3.45Ga Granitic Gneisses from the Yangtze Craton, South China: Implications for Early Archean Crustal Growth[J]. Precambrian Research(242):82-95.

GUO L H, GAO R, 2018. Potential-Field Evidence for the Tectonic Boundaries of the Central and Western Jiangnan Belt in South China[J]. Precambrian Research(309):45-55.

HAAPALA I, RÄMÖ O T, 1999. Rapakivi Granites and Related Rocks: An Introduction [J]. Precambrian Research, 95(1-2):1-7.

HAN Q S, PENG S B, KUSKY T M, et al., 2017. Paleoproterozoic Ophiolitic Mélange, Yangtze Craton, South China: Evidence for Paleoproterozoic Suturing and Micro-continent Amalgamation[J]. Precambrian Research, 293:13-38.

HAN Q S, PENG S B, 2020. Paleoproterozoic Subduction within the Yangtze Craton: Constraints from Nb-Enriched Mafic Dikes in the Kongling Complex[J]. Precambrian Research(340):105634.

HAN Q S, PENG S B, POLAT A, et al., 2019. Petrogenesis and Geochronology of Paleoproterozoic Magmatic Rocks in the Kongling Complex: Evidence for a Collisional Orogenic Event in the Yangtze Craton[J]. Lithos(342):513–529.

HAN Q S, PENG S B, POLAT A, et al., 2018. 2.1Ga Andean-Type Margin Built on Metasomatized Lithosphere in the Northern Yangtze Craton, China: Evidence from High-Mg Basalts and Andesites[J]. Precambrian Research(309):309–324.

HUANG C C, ZOU H, BAGAS L, et al., 2022. Mid-Neoproterozoic Tectonic Evolution of the Northern Margin of the Yangtze Block, South China: New insights from High-Temperature Magma Events[J]. Lithos(420):106711.

HUANG F, ROONEY T O, XU J F, et al., 2021. Magmatic Record of Continuous Neo-Tethyan Subduction After Initial India-Asia Collision in the Central Part of Southern Tibet[J]. GSA Bulletin,133(7–8):1600–1612.

HUANG Y, WANG L, TIMOTHY T M, 2017. High-Cr Chromites from the Late Proterozoic Miaowan Ophiolite Complex, South China: Implications for Its Tectonic Environment of Formation[J]. Lithos(288–289):35–54.

HYNDMAN D W, 1985. Petrology of Igneous and Metamorphic Rocks[M]. 2th ed. New York: McGraw-Hill Book Company.

JI W B, LIN W, FAURE M, et al., 2014. Origin and Tectonic Significance of the Huangling Massif Within the Yangtze Craton, South China[J]. Journal of Asian Earth Sciences(86):59–75.

JIANG X F, PENG S B, KUSKY T M, et al., 2018. Petrogenesis and Geotectonic Significance of Early-Neoproterzoic Olivine-Gabbro within the Yangtze Craton: Constrains from the Mineral Composition, U–Pb Age and Hf Isotopes of Zircons[J]. Journal of Earth-Science,29(1):93–102.

JIANG X F, PENG S B, KUSKY T M, et al., 2012. Geological Features and Deformational Ages of the Basal Thrust Belt of the Miaowan Ophiolite in the Southern Huangling Anticline and Its Tectonic Implications[J]. Journal of Earth Sciences,23(5):705–718.

JIANG X F, PENG S B, POLAT A, et al., 2016. Geochemistry and Geochronology of Mylonitic Metasedimentary Rocks Associated with the Proterozoic Miaowan Ophiolite Complex, Yangtze Craton, China: Implications for Geodynamic Events[J]. Precambrian Research(279):37–56.

JIANG X F, PENG S B, WANG Q, 2022. Precambrian Tectonic Evolution of Southern

Kongling Terrane,Yangtze Craton:Constraint from the Detrital Zircon U‐Pb Geochronology of the Metasedimentary Rocks[J]. Earth and Space Science,9(9):e2021EA002033.

JOHANNES W,1983. On the Origin of Layered Migmatites. In:Atherton,M. P. ,Gribble,C. D. ,eds. ,Migmatites,Melting and MetamoRphism[M]. Cheshire:Shiva PublishingLtd.

KAMENETSKY V S,CRAWFORD A J,MEFFRE S,2001. Factors Controlling Chemistry of Magmatic Spinel:An Empirical Study of Associated Olivine,Cr-Spinel and Melt Inclusions from Primitive Rocks[J]. Journal of Petrology,42(4),655–671.

KUSKY T M,WANG L,DILEK Y,et al. ,2011. Application of the Modern Ophiolite Concept in China with Special Reference to Precambrian Ophiolites[J]. Science China Eath Sciences,54(3):1–27.

LE BAS M J,LE MAITRE R W,STRECKEISEN A,et al. ,1986. A Chemical Classification of Volcanic Rocks Based on the Total Alkali-Silica Diagram[J]. Journal of petrology,27(3):745–750.

LE BAS M J,STRECKEISEN A L,1991. The IUGS Systematics of Igneous Rocks[J]. Journal of the Geological Society,148(5):825–833.

LE MAITRE R W,1989. A Classification of Igneous Rocks and Glossary of Terms[M]. Oxford:Blackwell.

LI H Q,ZHOU W X,WEI Y X,et al. ,2020. Two Extensional Events in the Early Evolution of the Yangtze Block,South China:Geochemical and Isotopic Evidence from Two Sets of Paleoproterozoic Alkali Porphyry in the Northern Kongling Terrane[J]. Geological Journal,55(9):6296–6324.

LI L S,WANG X L,YAKYMCHUK C,et al. ,2022. A Refined Study of Paleoproterozoic High-Pressure Granulite-Facies Metamorphism in the Kongling Complex of Northern Yangtze Block[J]. Precambrian Research(378):106741.

LI X H,1999. U–Pb Zircon Ages of Granites from the Southern Margin of the Yangtze Block:Timing of Neoproterozoic Jinning:Orogeny in SE China and Implications for Rodinia Assembly[J]. Precambrian Research,97(1):43–57.

LI X H,LI W X,LI Z X,et al. ,2009. Amalgamation between the Yangtze and Cathaysia Blocks in South China:Constraints from SHRIMP U–Pb Zircon Ages,Geochemistry and Nd–Hf Isotopes of the Shuangxiwu Volcanic Rocks[J]. Precambrian Research,174(1):117–128.

LI X H,LI Z X,GE W C,et al. ,2003a. Neoproterozoic Granitoids in South China:Crustal Melting above a Mantle Plume at Ca. 825Ma?[J]. Precambrian Research,122(1):45–83.

LI Y H,ZHENG J P,XIONG Q,et al. ,2016. Petrogenesis and Tectonic Implications of Paleoproterozoic Metapelitic Rocks in the Archean Kongling Complex from the Northern

Yangtze Craton, South China[J]. Precambrian Research(276):158-177.

LI Y H, ZHENG J P, PING X Q, et al., 2018. Complex Growth and Reworking Processes in the Yangtze Cratonic Nucleus[J]. Precambrian Research(311):262-277.

LI Z X, BOGDANOVA S V, COLLINS A S, et al., 2008. Assembly, Configuration, and Break-Up History of Rodinia: A Synthesis[J]. Precambrian Research,160(1-2):179-210.

LI Z X, LI X H, KINNY P D, et al., 2003b. Geochronology of Neoproterozoic Syn-Rift Magmatism in the Yangtze Craton, South China and Correlations with Other Continents: Evidence for a Mantle Superplume That Broke up Rodinia[J]. Precambrian Research,122(1): 85-109.

LI Z X, LI X H, ZHOU H W, et al., 2002. U-Pb Zircon Geochronology, Geochemistry and Nd Isotopic Study of Neoproterozoic Bimodal Volcanic Rocks in the Kangdian Rift of South China: Implications for the Initial Rifting of Rodinia[J]. Precambrian Research, 113 (1):135-154.

LI Z X, ZHANG L H, POWELL C M, 1995. South China in Rodinia: Part of the Missing Link between Australia-East Antarctica and Laurentia? [J]. Geology,23(5):407.

LIN S F, BEAKHOUSE G P, 2013. Synchronous Vertical and Horizontal Tectonism at Late Stages of Archean Cratonization and Genesis of Hemlo Gold Deposit, Superior Craton, Ontario, Canada[J]. Geology,41(3):359-362.

LING W L, GAO S, ZHANG B R, et al., 2003. Neoproterozoic Tectonic Evolution of the Northwestern Yangtze Craton, South China: Implications for Amalgamation and Break-Up of the Rodinia Supercontinent[J]. Precambrian Research,122(1-4):111-140.

LING W L, GAO S, ZHANG B R, et al., 2001. The Recognizing of Ca. 1.95Ga Tectonothermal Eventin Kongling Nucleus and Its Significance for the Evolution of Yangtze Block, South China[J]. Chinese Science Bulletin,46(4):326-329.

LIU B, ZHAI M G, ZHAO L, et al., 2019a. Metamorphism, PT Path and Zircon U-Pb Dating of Paleoproterozoic Mafic and Felsic Granulites from the Kongling Terrane, South China[J]. Precambrian Research(333):105403.

LIU B, ZHAI M G, ZHAO L, et al., 2019b. Zircon U-Pb-Hf Isotope Studies of the Early Precambrian Metasedimentary Rocks in the Kongling Terrane of the Yangtze Block, South China[J]. Precambrian Research(320):334-349.

LIU J G, CAI R H, PEARSON D G, et al., 2019c. Thinning and Destruction of the Lithospheric Mantle Root beneath the North China Craton: A Review[J]. Earth-Science Reviews(196):102873.

LU K, LI X H, ZHOU J L, et al., 2020. Early Neoproterozoic Assembly of the Yangtze Block Decoded from Metasedimentary Rocks of the Miaowan Complex[J]. Precambrian

Research(346):105787.

MA D Q,LI Z C,XIAO Z F,1997. The Constitute,Geochronology and Geologic Evolution of the Kongling Complex,Western Hubei[J]. Acta Geosci. Sin,18(3):233 – 241.

MEHNERT K R,1968. Migmatites and the Origin of Granitic Rocks[M]. Amsterdam: Elsevier.

MELCHER F,GRUM W,SIMON G,et al.,1997. Petrogenesis of the Ophiolitic Giant Chromite Deposits of Kempirsai, Kazakhstan: A Study of Solid and Fluid Inclusions in Chromite[J]. Journal of Petrology,38(10),1419 – 1458.

MESCHEDE M,1986. A Method of Discriminating between Different Types of Mid-Ocean Ridge Basalts and Continental Tholeiites with the Nb－Zr－Y Diagram[J]. Chemical Geology,56(3 – 4):207 – 218.

PAGÉ P, BARNES S J, 2009. Using Trace Elements in Chromites to Constrain the Origin of Podiform Chromitites in the Thetford Mines Ophiolite, Quebec, Canada[J]. Economic Geology,104(7),997 – 1018.

PEARCE J A,1982. Trace Element Characteristics of Lavas from Destructive Plate Boundaries[M]. New York:John Wiley and Sons.

PEARCE J A,PEATE D,1995. Tectonic Implications of the Composition of Volcanic Arcmagmas[J]. Annu. Rev. Earth Planet. Sci,23(1):251 – 286.

PEARCE J A.,2008. Geochemical Fingerprinting of Oceanic Basalts with Applications to Ophiolite Classification and the Search for Archean Oceanic Crust[J]. Lithos,100(1 – 4):14 – 48.

PEARCE J A,2014. Immobile Element Fingerprinting of Ophiolites[J]. Element,10(2):101 – 108.

PENG M,WU Y B,GAO S,et al.,2012a. Geochemistry, Zircon U – Pb Age and Hf Isotope Compositions of Paleoproterozoic Aluminous A – Type Granites from the Kongling Terrain, Yangtze Block: Constraints on Petrogenesis and Geologic Implications[J]. Gondwana Research,22(1):140 – 151.

PENG M,WU Y B,WANG J,et al.,2009. Paleoproterozoic Mafic Dyke from Kongling Terrain in the Yangtze Craton and Its Implication[J]. Chinese Sci Bull,54(6):1098 – 1104.

PENG P,QIN Z Y,SUN F B,et al.,2019. Nature of Charnockite and Closepet Granite in the Dharwar Craton: Implications for the Architecture of the Archean Crust[J]. Precambrian Research(334):105478.

PENG S B, KUSKY T M, JIANG X F, et al., 2012b. Geology, Geochemistry, and Geochronology of the Miaowan Ophiolite, Yangtze Craton: Implications for South China's Amalgamation History with the Rodinian Supercontinent[J]. Gondwana Research, 21(2 – 3): 577 – 594.

QIU X F, JIANG T, ZHAO X M, et al., 2020. Baddeleyite U – Pb Geochronology and Geochemistry of Late Paleoproterozoic Mafic Dykes from the Kongling Complex of the Northern Yangtze Block, South China[J]. Precambrian Research(337):105537.

QIU X F, LING W L, LIU X M, et al., 2018a. Evolution of the Archean Continental Crust in the Nucleus of the Yangtze Block: Evidence from Geochemistry of 3.0Ga TTG Gneisses in the Kongling High-Grade Metamorphic Terrane, South China[J]. Journal of Asian Earth Sciences(154):149 – 161.

QIU X F, ZHAO X M, YANG H M, et al., 2018b. Geochemical and Nd Isotopic Compositions of the Palaeoproterozoic Metasedimentary Rocks in the Kongling Complex, Nucleus of Yangtze Craton, South China Block: Implications for Provenance and Tectonic Evolution[J]. Geological Magazine, 155(6):1263 – 1276.

QIU X F, LING W L, LIU X M, et al., 2011. Recognition of Grenvillian Volcanic Suite in the Shennongjia Region and Its Tectonic Significance for the South China Craton[J]. Precambrian Research, 191(3 – 4):101 – 119.

QIU Y M, GAO S, MCNAUGHTON N J, et al., 2000. First Evidence of >3.2Ga Continental Crust in the Yangtze Craton of South China and its Implications for Archean Crustal Evolution and Phanerozoic Tectonics[J]. Geology, 28(1):11 – 14.

RAYMOND L A, 1995. Petrology: The Study of Igneous, Sedimentary, Metamorphic Rocks[M]. New York: WCB Publisher.

RAYMOND L A, 2002. Petrology: The Study of Igneous, Sedimentary, Metamorphic Rocks[M]. 2th ed. New York: McGraw Hill.

SHAN B, XIONG X, ZHAO K F, et al., 2017. Crustal and Upper-Mantle Structure of South China from Rayleigh Wave Tomography[J]. Geophysical Journal International, 208(3):1643 – 1654.

SHARKOV E V, 2010. Middle-Proterozoic Anorthosite – Rapakivi Granite Complexes: An Example of Within-Plate Magmatism in Abnormally Thick Crust: Evidence from the East European Craton[J]. Precambrian Research, 183(4):689 – 700.

SHERVAIS J W, 1982. Ti – V Plots and the Petrogenesis of Modern and Ophiolitic Lavas[J]. Earth and Planetary Science Letters, 59(1):101 – 118.

SHINJO R, CHUNG SL, KATO Y, et al., 1999. Geochemical and Sr – Nd Isotopic Characteristics of Volcanic Rocks from the Okinawa Trough and Ryukyu Arc: Implications for the Evolution of a Young, Intracontinental Back Arc Basin[J]. Journal of Geophysical Research: Solid Earth, 104(B5):10591 – 10608.

STEVENS R E, 1944. Composition of Some Chromites of the Western Hemisphere[J]. American Mineralogist, 29(1 – 2):1 – 64.

SUN S S, MCDONOUGH W F,1989. Chemical and Isotopic Systematics of Oceanic Basalts: Implications for Mantle Composition and Processes[J]. Geological Society, London,Special Publications,42(1):313-345.

VERNON R H,1984. Microgranitoid Enclaves in Granites:Globules of Hybrid Magma Quenched in a Plutonic Environment[J]. Nature,309(5967):438-439.

WANG J P,KUSKY T M,POLAT A,et al.,2012a. Sea-Floor Metamorphism Recorded in Epidosites from the Ca. 1. 0Ga Miaowan Ophiolite,Huangling Anticline,China[J]. Journal of Earth Sciences,23(5):696-704.

WANG X L,SHU L S,XING G F,et al.,2012b. Post-Orogenic Extension in the Eastern Part of the Jiangnan Orogen:Evidence from Ca 800-760 Ma Volcanic Rocks[J]. Precambrian Research(222-223):404-423.

WANG X C,LI Z X,LI X H,et al.,2011. Geochemical and Hf-Nd Isotope Data of Nanhua Rift Sedimentary and Volcaniclastic Rocks Indicate a Neoproterozoic Continental Flood Basalt Provenance[J]. Lithos,127(3):427-440.

WANG X L,ZHAO G C,ZHOU J C,et al.,2008. Geochronology and Hf Isotopes of Zircon from Volcanic Rocks of the Shuangqiaoshan Group,South China:Implications for the Neoproterozoic Tectonic Evolution of the Eastern Jiangnan Orogen[J]. Gondwana Research,14(3):355-367.

WANG X L,ZHOU J,QIU J,et al.,2004. Geochemistry of the Meso-To Neoproterozoic Basic-Acid Rocks from Hunan Province,South China:Implications for the Evolution of the Western Jiangnan Orogen[J]. Precambrian Research,135(1):79-103.

WANG X L,ZHOU J C,QIU J S,et al.,2006. LA-ICP-MS U-Pb Zircon Geochronology of the Neoproterozoic Igneous Rocks from Northern Guangxi,South China:Implications for Tectonic Evolution[J]. Precambrian Research,145(1):111-130.

WEI J Q,WEI Y X,WANG J X,et al.,2020. Geochronological Constraints on the Formation and Evolution of the Huangling Basement in the Yangtze Craton,South China[J]. Precambrian Research(342):105707.

WEI Y X,PENG S B,JIANG X F,et al.,2012. SHRIMP Zircon U-Pb Ages and Geochemical Characteristics of the Neoproterozoic Granitoids in the Huangling Anticline and Its Tectonic Setting[J]. Journal of Earth Science,23(5):659-676.

WINCHESTER J A,FLOYD P A,1977. Geochemical Discrimination of Different Magma Series and Their Differentiation Products Using Immobile Elements[J]. Chemical Geology(20):325-343.

WINDLEY B F,1995. The evolving continents[M]. New York:John Wiley and Sons.

WINKLER H G F,1976. Petrogenesis of Metamorphic Rocks[M]. 5th ed. New York:

Springer-Verlag.

WINTER J D, 2014. Principles of Igneous and Metamorphic Petrology[M]. 2th ed. Edinburgh: Pearson Education Limited.

WU H, ZHANG Y H, LING W L, et al., 2016. Recognition of Mantle Input and Its Tectonic Implication for the Nature of ~815 Ma Magmatism in the Yangtze Continental Interior, South China[J]. Precambrian Research(279): 17-36.

WU Y B, GAO S, GONG H J, et al., 2009. Zircon U-Pb Age, Trace Element and Hf Isotope Composition of Kongling Terrane in the Yangtze Craton: Refining the Timing of Palaeoproterozoic High-Grade Metamorphism[J]. Journal of Metamorphic Geology, 27(6): 461-477.

XIONG Q, ZHENG J P, YU C M, et al., 2009. Zircon U-Pb Age and Hf Isotope of Quanyishang A-Type Granite in Yichang: Signification for the Yangtze Continental Cratonization in Paleoproterozoic[J]. Chinese Sci Bull, 54(3): 436-446.

XIONG X S, GAO R, WANG H Y, et al., 2016. Frozen Subduction in the Yangtze Block: Insights from the Deep Seismic Profiling and Gravity Anomaly in East Sichuan Fold Belt[J]. Earthquake Science(29): 61-70.

XU J F, SHINJO R, DEFANT M J, et al., 2002. Origin of Mesozoic Adakitic Intrusive Rocks in the Ningzhen Area of East China: Partial Melting of Delaminated Lower Continental crust? [J]. Geology, 30(12): 1111-1114.

XU X, ZUZA A V, CHEN L, et al., 2021. Late Cretaceous to Early Cenozoic Extension in the Lower Yangtze Region(East China) Driven by Izanagi-Pacific Plate Subduction[J]. Earth-Science Reviews(221): 103790.

XU Y G, 2001. Thermo-Tectonic Destruction of the Archaean Lithospheric Keel beneath the Sino-Korean Craton in China: Evidence, Timing and Mechanism[J]. Physics and Chemistry of the Earth, Part A: Solid Earth and Geodesy, 26(9-10): 747-757.

YANG X Y, LI Y H, AFONSO J C, et al., 2021. Thermochemical State of the Upper Mantle beneath South China from Multi-Observable Probabilistic Inversion[J]. Journal of Geophysical Research: Solid Earth, 126(5): e2020JB021114.

YIN C Q, LIN S F, DAVIS D W, et al., 2013. 2.1-1.85Ga Tectonic Events in the Yangtze Block, South China: Petrological and Geochronological Evidence from the Kongling Complex and Implications for the Reconstruction of Supercontinent Columbia[J]. Lithos (182): 200-210.

ZHANG S, CHEN M, ZHENG J P, et al., 2021. Phenocryst Zonation Records Magma Mixing in Generation of the Neoproterozoic Adakitic Dacite Porphyries from the Kongling Area, Yangtze Craton[J]. Precambrian Research(366): 106421.

ZHANG S B,ZHENG Y F,WU Y B,et al.,2006a. Zircon Isotope Evidence for≥3.5Ga Continental Crust in the Yangtze Craton of China[J]. Precambrian Research,146(1-2):16-34.

ZHANG S B,ZHENG Y F,WU Y B,et al.,2006b. Zircon U-Pb Age and Hf-O Isotope Evidence for Paleoproterozoic Metamorphic Event in South China[J]. Precambrian Research,151(3-4):265-288.

ZHANG S B,ZHENG Y F,ZHAO Z F,et al.,2009. Origin of TTG-Like Rocks from Anatexis of Ancient Lower Crust:Geochemical Evidence from Neoproterozoic Granitoids in South China[J]. Lithos,113(3-4):347-368.

ZHANG S B,ZHENG Y F,ZHAO Z F,et al.,2008. Neoproterozoic Anatexis of Archean Lithosphere:Geochemical Evidence from Felsic to Mafic Intrusions at Xiaofeng in the Yangtze Gorge,South China[J]. Precambrian Research,163(3-4):210-238.

ZHAO J H,ZHOU M F,2008. Neoproterozoic Adakitic Plutons in the Northern Margin of the Yangtze Block,China:Partial Melting of a Thickened Lower Crust and Implications for Secular Crustal Evolution[J]. Lithos,104(1):231-248.

ZHAO J H,ZHOU M F,YAN D P,et al.,2011. Reappraisal of the Ages of Neoproterozoic Strata in South China:No Connection with the Grenvillian Orogeny[J]. Geology,39(4):299-302.

ZHAO J H,ZHOU M F,ZHENG J P,2013,Neoproterozoic High-K Granites Produced by Melting of Newly Formed Mafic Crust in the Huangling Region,South China[J]. Precambrian Research(233):93-107.

ZHENG Y F,ZHANG S B,ZHAO Z F,et al.,2007. Contrasting Zircon Hf and O Isotopes in the Two Episodes of Neoproterozoic Granitoids in South China:Implications for Growth and Reworking of Continental Crust[J]. Lithos,96(1-2):127-150.

ZHENG Y F,WU R X,WU Y B,et al.,2008. Rift Melting of Juvenile Arc-Derived Crust:Geochemical Evidence from Neoproterozoic Volcanic and Granitic Rocks in the Jiangnan Orogen,South China[J]. Precambrian Research,163(3):351-383.

ZHOU M F,KENNEDY A K,SUN M,et al.,2002a. Neoproterozoic Arc-Related Mafic Intrusions Along the Northern Margin of South China:Implications for the Accretion of Rodinia[J]. The Journal of geology,110(5):611-618.

ZHOU M F,MA Y X,YAN D P,et al.,2006a. The Yanbian Terrane(Southern Sichuan Province,SW China):A Neoproterozoic Arc Assemblage in the Western Margin of the Yangtze Block[J]. Precambrian Research,144(1):19-38.

ZHOU M F,ROBINSON P T,MALPAS J,et al.,2005. REE and PGE Geochemical Constraints on the Formation of Dunites in the Luobusa Ophiolite,Southern Tibet[J]. Journal of Petrology,46(3):615-639.

ZHOU M F, YAN D P, KENNEDY A K, et al., 2002b. SHRIMP U-Pb Zircon Geochronological and Geochemical Evidence for Neoproterozoic Arc-Magmatism Along the Western Margin of the Yangtze Block, South China[J]. Earth and Planetary Science Letters, 196(1):51-67.

ZHOU M F, YAN D P, WANG C L, et al., 2006b. Subduction-Related Origin of the 750 Ma Xuelongbao Adakitic Complex (Sichuan Province, China): Implications for the Tectonic Setting of the Giant Neoproterozoic Magmatic Event in South China[J]. Earth and Planetary Science Letters, 248(1):286-300.

ZHOU W X, HUANG B, WEI Y X, et al., 2021. Paleoproterozoic Ophiolitic Mélanges and Orogenesis in the Northern Yangtze Craton: Evidence for the Operation of Modern-Style Plate Tectonics[J]. Precambrian Research(364):106385.

ZHU R X, YANG J H, WU F Y, 2012. Timing of Destruction of the North China Craton[J]. Lithos(149):51-60.

ZOU H, LI Q L, BAGAS L, et al., 2021. A Neoproterozoic Low-δ^{18}O Magmatic Ring Around South China: Implications for Configuration and Breakup of Rodinia Supercontinent[J]. Earth and Planetary Science Letters(575):117196.

附 录

附录 1　图 例

1. 岩石特征成分、结构、构造

符号	名称	符号	名称	符号	名称
·	砂质	·· ··	粉砂质	—	泥质
Ca	钙质	Si	硅质	//	白云质
C	炭质	I	有机质	:	凝灰质
+++	复成分（杂砂质）	e	生物碎屑	⌒	结核
⊙	藻类	⌒	超基性	×	基性
⊥	中性	+	酸性	T	碱性
↑	玻基橄榄质	⌐	玄武质	∨	安山质
✕	英安质	\/	流纹质	++	等粒（花岗岩为例）
++	不等粒	+	斑状	中	似斑状
++	不等粒斑状	+S	片麻状		巨厚层状
	厚层状		中层状		薄层状
	页片状	●	枕状	♡	杏仁状
Φ	球状	⁂	珍珠状（球粒）	⌒	气孔
	火山弹	ⓞ	火山泥球	8	球泡
8	石泡	,	斑点状	+++	渗透状
	集块	⊿	岩屑	—	晶屑
)	玻屑	)	浆屑（塑性玻屑）	U	用于火山碎屑熔岩
R	用于熔火山碎屑岩	M	用于熔结火山碎屑岩	d	用于沉火山碎屑岩
△	碎屑	△	角砾状	○	砾状
∽	条带石	⌒	竹叶状	⋈	瘤状

符号	名称	符号	名称	符号	名称
●	鲕状	○	透镜状		豹皮状、斑花状
◇	结晶		条纹(痕)状		眼球状
	分枝状		网状		香肠状
✕	雾迷状				

2.沉积岩

符号	名称	符号	名称	符号	名称
	角砾岩		砂质角砾岩		泥质角砾岩
	钙质角砾岩		硅质角砾岩		铁质角砾岩
	砾岩		巨砾岩		粗砾岩
	中砾岩		细砾岩		含角砾砾岩
	砂质砾岩		砂砾岩		石英砾岩
	石灰砾岩		复成分砾岩		钙质砾岩
	硅质砾岩		凝灰质砾岩		铁质砾岩
	冰碛砾岩		砂岩		含砾砂岩
	粗砂岩		中砂岩		细砂岩
	石英砂岩		长石砂岩		长石石英砂岩
	海绿石砂岩		复成分砂岩（杂砂岩）		石英杂砂岩
	长石石英杂砂岩		长石杂砂岩		黏土粉砂质砂岩
	泥质砂岩		钙质砂岩		凝灰质砂岩
	含铁砂岩		含铜砂岩		含磷砂岩
	含油砂岩		交错层砂岩		斜层理砂岩

粉砂岩	含砾粉砂岩	含砂粉砂岩
黏土砂质粉砂岩	含泥粉砂岩	泥质粉砂岩
钙质粉砂岩	含炭质粉砂岩	含钾粉砂岩
凝灰质粉砂岩	铁质粉砂岩	页岩
砂质页岩	粉砂质页岩	钙质页岩
硅质页岩	碳质页岩	含碳质页岩
凝灰质页岩	铁质页岩	铝土页岩
含锰页岩	含钾页岩	油页岩
泥岩	粉砂质泥岩	黏土岩
高岭石黏土岩	水云母黏土岩	蒙脱石黏土岩
灰岩（石灰岩）	页片状灰岩	泥粒灰岩
颗粒灰岩	砾屑灰岩	砂屑灰岩
结晶灰岩	生物屑灰岩	核形石灰岩
礁灰岩	铁质灰岩	硅质灰岩
白云质灰岩	条带状灰岩	竹叶状灰岩
瘤状灰岩	豹皮状灰岩	泥灰岩
白云岩	颗粒白云岩	砂质白云岩
泥质白云岩	硅质岩	

3. 岩浆岩花纹
侵入岩

符号	名称	符号	名称	符号	名称
	橄榄岩		镁铁橄榄岩		纯橄榄岩
	金伯利岩（角砾云母橄榄岩）		辉石橄榄岩		辉橄岩（橄辉岩）
	橄榄辉石岩		辉石岩		二辉岩
	紫苏辉石岩		古铜辉石岩		透辉石岩
	顽火辉石岩		角闪石岩		角闪辉石岩
	角闪紫苏辉石岩		角闪二辉岩		角闪透辉石岩
	含长辉石岩		含长紫苏辉石岩		含长二辉岩
	含长透辉石岩		斜长岩		苏长岩
	辉长岩		二辉辉长岩		橄榄辉长岩
	辉绿辉长岩		辉绿岩		辉长辉绿岩
	石英辉绿岩		玢岩		辉长玢岩
	辉绿玢岩		闪长岩		辉长闪长岩
	辉石闪长岩		角闪闪长岩		黑云母闪长岩
	石英闪长岩		石英闪长斑岩（石英闪长玢岩）		闪长玢岩（闪长斑岩）
	正长闪长岩		二长岩		二长斑岩
	石英二长岩		正长岩		英辉正长岩
	正长斑岩		石英正长岩		辉石正长岩
	角闪正长岩		黑云母正长岩		花岗岩
	花岗斑岩		环斑花岗岩		黑云母花岗岩
	白云母花岗岩		二云母花岗岩		正长花岗岩
	斜长花岗岩（奥长花岗岩）		二长花岗岩		碱长花岗岩

— 138 —

角闪花岗岩	紫苏花岗岩	白岗岩
花岗闪长岩	花岗闪长岩	堇青花岗闪长岩
英云闪长岩	霞斜岩	霓霞岩
霓辉岩	斑霞正长岩	煌斑岩
钾镁煌斑岩（橄榄金云煌斑岩）	黄长煌斑岩	碳酸岩
方解石碳酸岩	白云石碳酸岩	稀土碳酸岩

火山岩(熔岩)

苦橄岩	玻基橄榄岩（麦美奇岩）	玻基辉橄岩
玻基纯橄岩	拉斑玄武岩	杏仁状玄武岩
方沸玄武岩	伊丁玄武岩	碱玄岩
细碧岩	玄武岩	苦橄玄武岩
橄斑玄武岩	辉斑玄武岩	安山玄武岩
安山岩	辉石安山岩	角闪安山岩
黑云母安山岩	安山玢岩(安山斑岩)	英安岩
角斑岩	流纹岩	流纹斑岩
石英斑岩	碱流岩	霏细岩
霏细斑岩	珍珠岩	松脂岩
黑曜岩	浮岩	石英角斑岩
粗面岩	辉石粗面岩	角闪粗面岩
黑云粗面岩	石英粗面岩	粗面斑岩
安粗岩	安粗斑岩	响岩

霞石响岩　　　　　　白石榴响岩　　　　　　黝方石响岩

火山岩(火山碎屑岩)
流纹质火山碎屑岩

流纹质集块岩　　　　　流纹质角砾集块岩　　　流纹质集块角砾岩

流纹质角砾岩　　　　　流纹质角砾岩　　　　　流纹质晶屑凝灰岩

流纹质玻屑凝灰岩　　　流纹质浆屑凝灰岩　　　流纹质岩屑凝灰岩

流纹质晶屑玻屑凝灰岩　流纹质玻屑岩屑凝灰岩　流纹质岩屑晶屑凝灰岩

流纹质多屑凝灰岩

流纹质熔结火山碎屑岩

流纹质熔结集块岩　　　流纹质熔结角砾集块岩　流纹质熔结集块角砾岩

流纹质熔结角砾岩　　　流纹质晶屑熔结凝灰岩　流纹质玻屑熔结凝灰岩

流纹质浆屑熔结凝灰岩　流纹质岩屑熔结凝灰岩　流纹质晶屑玻屑熔结凝灰岩

流纹质玻屑岩屑熔结凝灰岩　流纹质岩屑晶屑熔结凝灰岩　流纹质多屑熔结凝灰岩

流纹质火山碎屑熔岩

流纹质集块熔岩　　　　流纹质角砾集块熔岩　　流纹质集块角砾熔岩

流纹质角砾熔岩　　　　流纹质凝灰角砾熔岩　　流纹质晶屑凝灰熔岩

流纹质玻屑凝灰熔岩　　流纹质浆屑凝灰熔岩　　流纹质岩屑凝灰熔岩

流纹质晶屑玻屑凝灰熔岩　流纹质玻屑岩屑凝灰熔岩　流纹质岩屑晶屑凝灰熔岩

流纹质多屑凝灰熔岩　　流纹质碎斑熔岩

流纹质沉火山碎屑岩

流纹质沉集块岩　　　　流纹质沉角砾集块岩　　流纹质沉集块角砾岩

流纹质沉角砾岩　　　　流纹质沉凝灰角砾岩　　流纹质沉角砾凝灰岩

流纹质沉凝灰岩

英安质火山碎屑岩

- 英安质集块岩
- 英安质角砾集块岩
- 英安质集块角砾岩
- 英安质角砾岩
- 英安质凝灰角砾岩
- 英安质晶屑凝灰岩
- 英安质玻屑凝灰岩
- 英安质浆屑凝灰岩
- 英安质岩屑凝灰岩
- 英安质晶屑玻屑凝灰岩
- 英安质玻屑岩屑凝灰岩
- 英安质岩屑晶屑凝灰岩
- 英安质多屑凝灰岩

英安质熔结火山碎屑岩

- 英安质熔结集块岩
- 英安质熔结角砾集块岩
- 英安质熔结集块角砾岩
- 英安质熔结角砾岩
- 英安质晶屑熔结凝灰岩
- 英安质玻屑熔结凝灰岩
- 英安质浆屑熔结凝灰岩
- 英安质岩屑熔结凝灰岩
- 英安质晶屑玻屑熔结凝灰岩
- 英安质玻屑岩屑熔结凝灰岩
- 英安质岩屑晶屑熔结凝灰岩
- 英安质多屑熔结凝灰岩

英安质火山碎屑熔岩

- 英安质集块熔岩
- 英安质角砾集块熔岩
- 英安质集块角砾熔岩
- 英安质角砾熔岩
- 英安质凝灰角砾熔岩
- 英安质晶屑凝灰熔岩
- 英安质玻屑凝灰熔岩
- 英安质浆屑凝灰熔岩
- 英安质岩屑凝灰熔岩
- 英安质晶屑玻屑凝灰熔岩
- 英安质玻屑岩屑凝灰熔岩
- 英安质岩屑晶屑凝灰熔岩
- 英安质多屑凝灰熔岩
- 英安质碎斑熔岩

英安质沉火山碎屑岩

- 英安质沉集块岩
- 英安质沉角砾集块岩
- 英安质沉集块角砾岩
- 英安质沉角砾岩
- 英安质沉凝灰角砾岩
- 英安质沉角砾凝灰岩
- 英安质沉凝灰岩

粗面质火山碎屑岩

粗面质集块岩　　　粗面质角砾集块岩　　　粗面质集块角砾岩

粗面质角砾岩　　　粗面质凝灰角砾岩　　　粗面质晶屑凝灰岩

粗面质玻屑凝灰岩　　粗面质浆屑凝灰岩　　　粗面质岩屑凝灰岩

粗面质晶屑玻屑凝灰岩　粗面质玻屑岩屑凝灰岩　粗面质岩屑晶屑凝灰岩

粗面质多屑凝灰岩

粗面质熔结火山碎屑岩

粗面质熔结集块岩　　粗面质熔结角砾集块岩　粗面质熔结集块角砾岩

粗面质熔结角砾岩　　粗面质晶屑熔结凝灰岩　粗面质玻屑熔结凝灰岩

粗面质浆屑熔结凝灰岩　粗面质岩屑熔结凝灰岩　粗面质晶屑玻屑熔结凝灰岩

粗面质玻屑岩屑熔结凝灰岩　粗面质岩屑晶屑熔结凝灰岩　粗面质多屑熔结凝灰岩

粗面质火山碎屑熔岩

粗面质集块熔岩　　　粗面质角砾集块熔岩　　粗面质集块角砾熔岩

粗面质角砾熔岩　　　粗面质凝灰角砾熔岩　　粗面质晶屑凝灰熔岩

粗面质玻屑凝灰熔岩　粗面质浆屑凝灰熔岩　　粗面质岩屑凝灰熔岩

粗面质晶玻屑凝灰熔岩（玻晶屑）　粗面质玻屑晶屑凝灰熔岩　粗面质岩屑晶屑凝灰熔岩

粗面质多屑凝灰熔岩　粗面质碎斑熔岩

粗面质沉火山碎屑岩

粗面质沉集块岩　　　粗面质沉角砾集块岩　　粗面质沉集块角砾岩

粗面质沉角砾岩　　　粗面质沉凝灰角砾岩　　粗面质沉角砾凝灰岩

粗面质沉凝灰岩

安山质火山碎屑岩

安山质集块岩　　安山质角砾集块岩　　安山质集块角砾岩

安山质角砾岩　　安山质凝灰角砾岩　　安山质晶屑凝灰岩

安山质玻屑凝灰岩　　安山质浆屑凝灰岩　　安山质岩屑凝灰岩

安山质晶屑玻屑凝灰岩　　安山质玻屑岩屑凝灰岩　　安山质岩屑晶屑凝灰岩

安山质多屑凝灰岩

安山质熔结火山碎屑岩

安山质熔结集块岩　　安山质熔结角砾集块岩　　安山质熔结集块角砾岩

安山质熔结角砾岩　　安山质晶屑熔结凝灰岩　　安山质玻屑熔结凝灰岩

安山质浆屑熔结凝灰岩　　安山质岩屑熔结凝灰岩　　安山质晶屑玻屑熔结凝灰岩

安山质玻屑岩屑熔结凝灰岩　　安山质岩屑晶屑熔结凝灰岩　　安山质多屑熔结凝灰岩

安山质火山碎屑熔岩

安山质集块熔岩　　安山质角砾集块熔岩　　安山质集块角砾熔岩

安山质角砾熔岩　　安山质凝灰角砾熔岩　　安山质晶屑凝灰熔岩

安山质玻屑凝灰熔岩　　安山质浆屑凝灰熔岩　　安山质岩屑凝灰熔岩

安山质晶屑玻屑凝灰熔岩　　安山质玻屑岩屑凝灰熔岩　　安山质岩屑晶屑凝灰熔岩

安山质多屑凝灰熔岩　　安山质碎斑熔岩

安山质沉火山碎屑岩

安山质沉集块岩　　安山质沉角砾集块岩　　安山质沉集块角砾岩

安山质沉角砾岩　　安山质沉凝灰角砾岩　　安山质沉角砾凝灰岩

安山质沉凝灰岩

玄武质火山碎屑岩

玄武质集块岩　　　玄武质角砾集块岩　　　玄武质集块角砾岩

玄武质角砾岩　　　玄武质凝灰角砾岩　　　玄武质晶屑凝灰岩

玄武质玻屑凝灰岩　　玄武质浆屑凝灰岩　　　玄武质岩屑凝灰岩

玄武质晶屑玻屑凝灰岩　玄武质玻屑岩屑凝灰岩　玄武质岩屑晶屑凝灰岩

玄武质多屑凝灰岩

玄武质熔结火山碎屑岩

玄武质熔结集块岩　　玄武质熔结角砾集块岩　玄武质熔结集块角砾岩

玄武质熔结角砾岩　　玄武质晶屑熔结凝灰岩　玄武质玻屑熔结凝灰岩

玄武质浆屑熔结凝灰岩　玄武质岩屑熔结凝灰岩　玄武质晶屑玻屑熔结凝灰岩

玄武质玻屑岩屑熔结凝灰岩　玄武质岩屑晶屑熔结凝灰岩　玄武质多屑熔结凝灰岩

玄武质火山碎屑熔岩

玄武质集块熔岩　　　玄武质角砾集块熔岩　　玄武质集块角砾熔岩

玄武质角砾熔岩　　　玄武质凝灰角砾熔岩　　玄武质晶屑凝灰熔岩

玄武质玻屑凝灰熔岩　玄武质浆屑凝灰熔岩　　玄武质岩屑凝灰熔岩

玄武质晶屑玻屑凝灰熔岩　玄武质玻屑岩屑凝灰熔岩　玄武质岩屑晶屑凝灰熔岩

玄武质多屑凝灰熔岩　玄武质碎斑熔岩

玄武质沉火山碎屑岩

玄武质沉集块岩　　　玄武质沉角砾集块岩　　玄武质沉集块角砾岩

玄武质沉角砾岩　　　玄武质沉凝灰角砾岩　　玄武质沉角砾凝灰岩

玄武质沉凝灰岩

安粗质火山碎屑岩

安粗质集块岩　　　　安粗质角砾岩　　　　安粗质碎屑凝灰岩（未分）

安粗质熔结火山碎屑岩

安粗质熔结集块岩　　安粗质熔结角砾岩　　安粗质熔结凝灰岩（未分）

 安粗质碎斑熔岩

安粗质火山碎屑熔岩

安粗质集块熔岩　　　安粗质角砾熔岩　　　安粗质凝灰熔岩

安粗质沉火山碎屑岩

安粗质沉集块岩　　　安粗质沉角砾岩　　　安粗质沉角砾凝灰岩

安粗质沉凝灰岩

玄武安山质火山岩

玄武安山质火山碎屑岩（未分）　　玄武安山质熔结火山碎屑岩（未分）　　 玄武安山质碎斑熔岩

 玄武安山质火山碎屑熔岩（未分）　　玄武安山质沉火山碎屑岩（未分）

粗面玄武质火山岩

粗面玄武质火山碎屑岩（未分）　　粗面玄武质熔结火山碎屑岩（未分）　　 粗面玄武质碎斑熔岩

粗面玄武质火山碎屑熔岩（未分）　　粗面玄武质沉火山碎屑岩（未分）

响岩质火山岩

 响岩质火山碎屑岩（未分）　　 响岩质熔结火山碎屑岩（未分）　　 响岩质碎斑熔岩

响岩质火山碎屑熔岩（未分）　　 响岩质沉火山碎屑岩（未分）

超镁铁质火山岩

 超镁铁质火山碎屑岩（未分）　　 超镁铁质熔结火山碎屑岩（未分）　　 镁铁质碎斑熔岩

超镁铁质火山碎屑熔岩（未分）　　 超镁铁质沉火山碎屑岩（未分）

4. 变质岩

板岩类

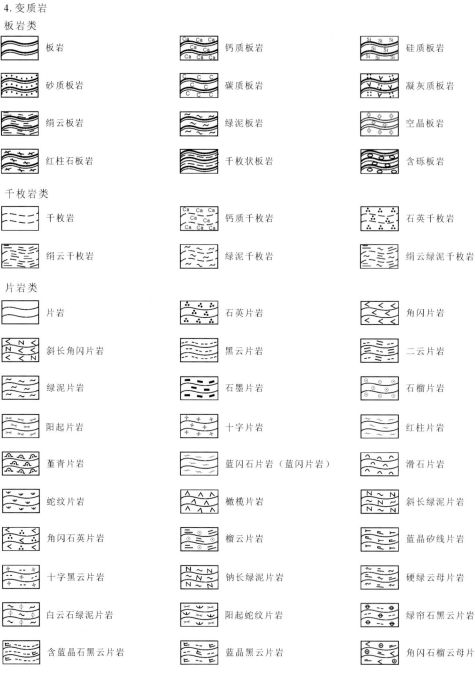

千枚岩类

片岩类

片麻岩类

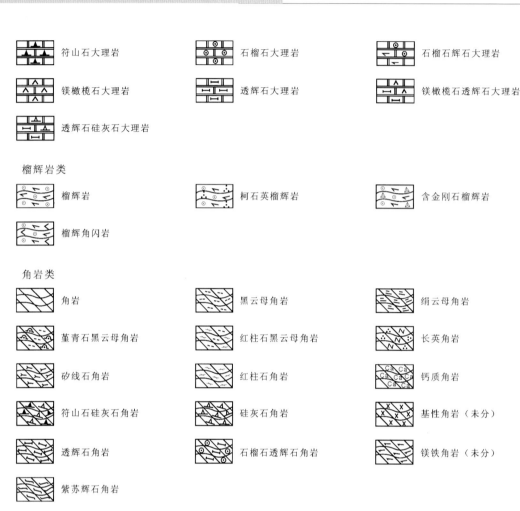

榴辉岩类

角岩类

矽卡岩类

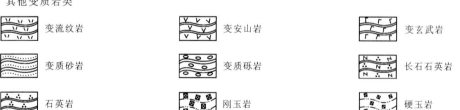

其他变质岩类

蚀变岩

矽卡岩化	角岩化	大理岩化
白云岩化	石英岩化	次生石英岩化（岩帽）
黄铁细晶岩化	碳酸盐化	沸石化
萤石化	磁铁矿化	黄铁矿化
黄铜矿化	硅化	钾长石化
钠长石化	黑云母化	白云母化
绢云母化	电气石化	方柱石化
透辉石化	阳起石化	纤闪石化
绿帘石化	黝帘石化	褐铁矿化
青盘岩化	明矾岩化	叶蜡石化
绿泥石化	高岭石化	重晶石化
滑石化	蛇纹石化	绢英岩化

构造岩

压碎岩	磨砾岩	碎裂岩
碎裂岩化花岗岩	 碎裂岩化灰岩	碎斑岩
碎粒岩	碎粉岩	

糜棱岩

初糜棱岩	糜棱岩	超糜棱岩
玻化岩（假玄武玻璃）	变晶糜棱岩（变余糜棱岩）	

混合岩

混合岩	渗透状混合岩	眼球状混合岩
香肠状混合岩	条纹（痕）状混合岩	条带状混合岩
雾迷状混合岩	均质混合岩	混合花岗岩
混合花岗闪长岩	混合二长花岗岩	边缘混合岩（带）
构造混合岩（带）		

5. 沉积构造图例

平行层理	水平层理	板状交错层理
藻席纹层	楔状交错层理	槽状交错层理
丘状层理	脉状层理	透镜状层理
鱼骨状交错层理	包卷层理	冲洗交错层理
韵律层理	浪成交错层理	潮汐交错层理
凹状层理	正粒序层理	逆粒序层理
砂泥互层层理	块状层理	滑塌层理
爬升层理	缝合线	生物扰动
潜穴	钻穴	叠瓦构造
层状晶洞	有胶结物晶洞	帐篷构造
渗流豆石	内沉积	平面遗迹
对称波痕	不对称波痕	尖顶波痕
沟模	槽模	重荷模
鸟眼构造	石盐假晶	石膏假晶
生物礁	雨痕	雹痕

附 录

××× 压刻痕	变形层理	碟状构造

6. 地质体接触界线符号

实测地质界线	推测地质界线	实测角度不整合界线
推测角度不整合界线	实测平行不整合界线	推测平行不整合界线
火山喷发不整合界线	推测火山喷发不整合界线	岩相界线
混合岩化接触界线	花岗岩体侵入围岩接触界线	花岗岩体超动接触界线
花岗岩体脉动接触界线	花岗岩体涌动接触界线	

不同类型地质界线

角度不整合	火山喷发不整合	平行不整合（假整合）
部分地段整合，部分平行不整合	接触性质不明	断层接触（用于柱状图）

7. 地质体产状及变形要素符号

地层（倾斜地层）	岩层水平	岩层垂直产状（箭头方向表示较新层位）
倒转岩层产状（箭头指向倒转后的倾向）	交错层理	片理
片麻理		

8. 构造符号
断裂构造

实测性质不明断层	推测性质不明断层	实测正断层（箭头指向断层面倾向，下同）
推测正断层	实测逆断层倾向及倾角	推测逆断层
实测平推断层（箭头指示相对位移方向）	推测平推断层	实测直立断层
平移正断层	平移逆断层	断层破碎带
剪切挤压带	区域性断层	韧性剪切带

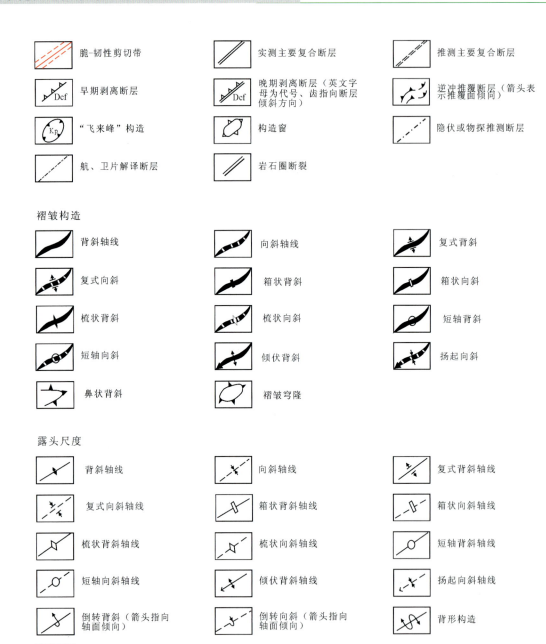

附录 2　国际年代地层表（中文版）

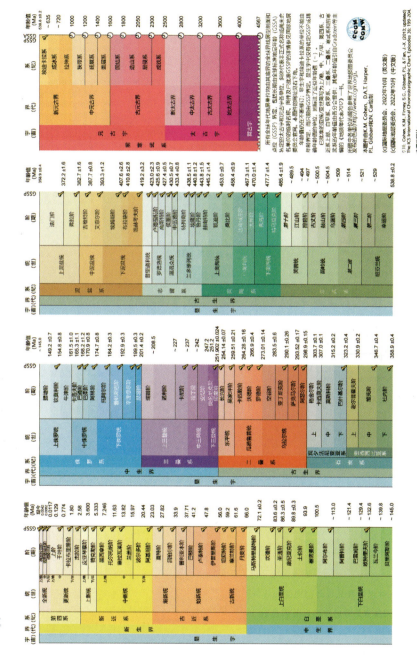

附录 3 国际年代地层表（英文版）

INTERNATIONAL CHRONOSTRATIGRAPHIC CHART
International Commission on Stratigraphy
www.stratigraphy.org
v 2023/04